变电站及换流站人工智能技术应用

周 宇 主 编

徐 波 詹 涛 王 宾 李 帆 副主编

中国电力出版社

CHINA ELECTRIC POWER PRESS

内 容 提 要

本书对人工智能在变电站及换流站中技术与应用进行阐述，旨在为人工智能、智能数据分析异构理解能力提供帮助，为提高后续新建变电站及换流站人工智能技术引领新方向。

本书共分 7 章，分别是概述、人工智能发展现状及人工智能与变电站（换流站）的关系、人工智能关键技术、人工智能在变电站（换流站）应用支撑技术、人工智能在变电站（换流站）领域中的应用、变电站（换流站）领域人工智能应用场景案例、变电站（换流站）领域人工智能应用的总结与展望。

本书可供从事电网技术、工程技术、运行维护等相关专业人员阅读，也可以为人工智能研究和应用的人员提供参考。

图书在版编目（CIP）数据

变电站及换流站人工智能技术应用 / 周宇主编. —北京：中国电力出版社，2022.3
ISBN 978-7-5198-6479-8

Ⅰ. ①变… Ⅱ. ①周… Ⅲ. ①人工智能–应用–变电所②人工智能–应用–换流站
Ⅳ. ①TM63-39

中国版本图书馆 CIP 数据核字（2022）第 022637 号

出版发行：中国电力出版社
地　　址：北京市东城区北京站西街 19 号（邮政编码 100005）
网　　址：http://www.cepp.sgcc.com.cn
责任编辑：罗　艳（010-63412315，yan-luo@sgcc.com.cn）
责任校对：黄　蓓　常燕昆
装帧设计：张俊霞
责任印制：石　雷

印　　刷：北京九天鸿程印刷有限责任公司
版　　次：2022 年 3 月第一版
印　　次：2022 年 3 月北京第一次印刷
开　　本：710 毫米×1000 毫米　16 开本
印　　张：16.75
字　　数：298 千字
印　　数：0001—2000 册
定　　价：118.00 元

编写成员名单

主　编　周　宇

副主编　徐　波　詹　涛　王　宾　李　帆

参编人员（排名不分先后）

辛建波	刘　凯	宋爱国	刘　兵	龙理晴	李　帆(女)
张　琛	陈红强	郭丽娟	宋　兵	涂其臣	支妍力
华　栋	徐　梁	杨丽君	李　浩	马　锋	童军心
林　谋	刘　嘉	周世阳	钟　成	廖昊爽	季宝江
闵济海	韩　早	余大成	李本旺	冉　坤	蔡凯辉
李　强	梁思聪	张维宁	张洪辉	杨磊杰	衣俸君
李　嘉	李怀东	鄂士平	高方玉	吴　琼	汪　佳
卢卫疆	吴　鹏	黄炜昭	许勇刚	赵学智	姜　帆
林清霖	王煜晗	熊美珍			

参编单位　国网江西省电力有限公司

国网江西省电力有限公司超高压分公司

国网江西省电力有限公司电力科学研究院

清华大学

国网电力科学研究院有限公司

重庆德新机器人检测中心有限公司

国网湖南省电力有限公司超高压变电公司

国网北京市电力公司

南京天创电子技术有限公司

浙江大立科技股份有限公司

广西电网有限责任公司电力科学研究院

国网浙江省电力有限公司超高压分公司

立得空间信息技术股份有限公司

东南大学

国网江西省电力有限公司上饶供电分公司

重庆大学

国网新疆电力有限公司

国网山东省电力公司超高压公司

北京天成易合科技有限公司

华南理工大学

国网江苏省电力有限公司常州供电分公司

国网湖北省电力有限公司

国网湖北省电力有限公司宜昌供电公司

中国电气装备集团有限公司

北京国网富达科技发展有限责任公司

国网智能电网研究院有限公司

珠高电气检测有限公司

深圳供电局有限公司

许昌开普检测研究院股份有限公司

泰昌科技（杭州）有限公司

国网思极网安科技（北京）有限公司

广东珺桦能源科技有限公司

国网江西省电力有限公司南昌供电分公司

前 言 Foreword

近些年，在"十四五"智能制造发展规划倡导下，以新一代信息技术与先进制造技术深度融合，电网人工智能技术研究和应用出现井喷式的发展，在国内电力市场得到迅速广泛的应用。电力行业着力推进生产变革，开展变电站（换流站）领域无人化建设，打造数字化电网，全力支撑新型电力系统建设。

基于此，编者抓住行业发展脉络和痛点，开展电力行业领域的相关调研和研究，历时一年多完成本书的编写工作，全书内容分为七章，主要对人工智能在变电站（换流站）的应用所涉及的相关知识提出了一个较全面的基础性介绍，围绕人工智能在变电站（换流站）应用的相关背景、人工智能在变电站（换流站）所涉及的相关技术及人工智能在变电站（换流站）的相关应用及相关展望与愿景进行了展开论述。

人工智能在变电站（换流站）应用的相关背景可分为国际背景及国内背景。第 1 章介绍人工智能的相关概念及变电站（换流站）对人工智能技术的基本需求；第 2 章分析人工智能国际及国内发展形势，并通过引入数字化时代变电站（换流站）的发展现状及愿景相关内容，从而阐述人工智能发展与变电站（换流站）的关系。

本书从人工智能关键技术及人工智能在变电站（换流站）应用支撑技术两个层级系统介绍相关基本技术。第 3 章介绍人工智能涉及的一些关键技术，第 4 章系统介绍人工智能在变电站（换流站）应用涉及的一些支撑技术。由此，结合这两章内容在第 5 章说明人工智能在变电站（换流站）相关领域中的应用，第 6 章通过具体案例讲述人工智能与变电站（换流站）之间的关系。

结合前面章节的介绍，第 7 章总结变电站（换流站）信息化、基建建设、变电运检等领域人工智能的应用，引出人工智能对变电站网络技术发展的影响的相关思考，展望联邦学习在变电站（换流站）人工智能技术的应用。

由于人工智能涉及较多的研究领域，而变电站（换流站）也将逐步涉及众多先进领域技术，因此，很多知识无法追根溯源和深入介绍。读者可以根据需要通过深入阅读相关参考文献来了解这些知识。

人工智能已经发展 60 余年，进入变电站（换流站）技术领域，尚未形成较为成熟的技术体系，这其中主要受限于当前技术快速发展。并且由于新技术、新设备不断涌现，技术沉淀不足，关键技术还不够成熟。本书在编写过程中，尽管考虑各种因素，虽经过认真编写、校对和审核，仍难免有疏漏之处，需要不断地补充、修订和完善，欢迎广大读者提出宝贵的意见和建议（联系人：徐波，13870391635）。

本书在出版之际，衷心感谢 IEEE PES 变电站技术委员会（中国）专家、学者为本书撰写和出版提供帮助。

最后，对于本书引用公开发表国内外有关研究成果的作者及各制造厂家公开发表的科技成果的作者，编者表示衷心的感谢！

编　者

2022 年 1 月

目　录 Contents

第1章

概　述

长期以来，制造具有智能的机器一直是人类的梦想。早在 1950 年，Alan Turing 在《计算机器与智能》中就阐述了对人工智能的思考。人工智能将人从枯燥的劳动中解放出来，越来越多的简单性、重复性、危险性任务由人工智能系统完成，在减少人力投入、提高工作效率的同时，还能够比人类做得更快、更准确。作为新一轮产业变革的核心驱动力，人工智能在催生新技术、新产品的同时，对传统行业也具备较强的赋能作用，能够引发经济结构的重大变革，实现社会生产力的整体跃升。

我国已将人工智能领域的建设发展提升至国家战略层面，对人工智能的研究主要集中于应用技术领域。人工智能是一个科学系统，与其他科学相结合，进行跨学科研究会产生更大的作用。目前人工智能的探究多集中于医疗、图像识别、金融等诸多方面。人们对电力需求的不断增加、变电设备不断增多，对变电运检技术提出了更高的要求，不仅要保证对运检数据处理的准确性，还要提高数据处理的效率。基于以上所述，在未来电力行业的发展中人工智能必将占据一席之地，本书也将着重介绍人工智能在变电站（换流站）中的应用。

≫ 1.1 人工智能概述 ≪

1.1.1 人工智能发展背景

1943 年，神经科学家和控制论专家 Warren McCulloch 与逻辑学家 Walter Pitts 就基于数学和阈值逻辑算法创造了一种神经网络计算模型。该模型中每个神经元被描述为"开"或"关"状态，作为一个神经元对足够数量邻近神经元刺激的反应，其状态将出现由"关"到"开"的转变。业界普遍认为其是最早涉及人工智能方面的研究。1950 年，阿兰图灵在《计算机器与智能》中阐述了对人工智能的思考，并提出以图灵测试对机器智能进行测量。1956 年，美国达特茅斯学院举行的人工智能研讨会首次提出人工智能的概念：让机器能像人类一样认知、思考并学习，这标志着人工智能的开端。人工智能在 20 世纪 50 年代末进入第一次发展浪潮，1958 年约翰-麦卡锡定义了高级语言 Lisp，该语言在后来的 30 年中成为占统治地位的人工智能编程语言。同年他还发表了题为《有常识的程序》（Programs with Common Sense）的论文，文中他描述了意见接受者（advice taker），这个假想程序可被看成第一个完整的人工智能系统。1963 年，麦卡锡在斯坦福创办了人工智能实验室。

20 世纪 80 年代初人工智能第二次迎来发展浪潮，从 20 世纪 80 年代中期开始神经网络和深度学习热度居高不下，至少 4 个不同的研究组重新发明了由 Bryson 和 Ho 于 1969 年首次建立的反传（back-propagation）学习算法。该算法被用于很多计算机科学和心理学中的学习问题。但受制于技术、成本等因素，人工智能的发展在之后转入低谷期。

到了 20 世纪 90 年代，对人工智能技术的研究又逐步开始兴起。1997 年，IBM 公司的"深蓝"计算机战胜了国际象棋世界冠军卡斯帕罗夫，成为人工智能史上的一个重要里程碑。之后，人工智能开始了平稳向上的发展。2006 年，李飞飞教授带领的团队构建了大型图像数据集——ImageNet，给图像识别技术带来新的发展思路；同年"深度学习"的概念被提出，之后深度神经网络和卷积神经网络开始占据主流学界的目光，深度学习的发展又一次掀起人工智能的研究狂潮并延续至今。

人工智能发展历程图如图 1-1 所示。

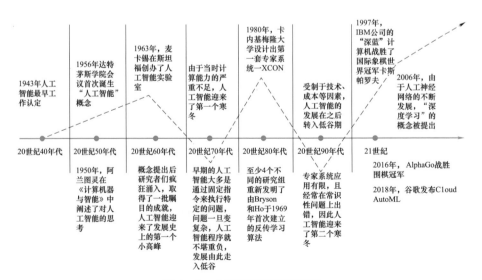

图 1-1　人工智能发展历程图

1.1.2　人工智能定义

人工智能作为一门前沿交叉学科，其定义一直存有不同的观点：《人工智能——一种现代方法》中将已有的一些人工智能定义分为四类：像人一样思考的系统、像人一样行动的系统、理性地思考的系统、理性地行动的系统。维基百科上定义"人工智能就是机器展现出的智能"，即只要是某种机器，具有某种或某些"智能"的特征或表现，都应算做"人工智能"。大英百科全书则限定人工智能是数字计算机或者数字计算机控制的机器人在执行智能生物体才有的一些任务上的能力。百度百科定义人工智能是"研究、开发用于模拟、延伸和扩展人的智能的理论、方法、技术及应用系统的一门新的技术科学"，将其视为计算机科学的一个分支，指出其研究包括机器人、语言识别、图像识别、自然语言处理和专家系统等。2018 年《人工智能标准化白皮书》对此定义是利用数字计算机或者数字计算机控制的机器模拟、延伸和扩展人的智能，其通过感知环境、获取知识并使用知识获得最佳结果的理论、方法、技术及应用系统。总的来说，人工智能是一门利用计算机模拟人类智能行为科学的统称，它涵盖了训练计算机使其能够完成自主学习、判断、决策等人类行为的范畴。

人工智能从其应用范围上又可分为专用人工智能（ANI）与通用人工智能（AGI）。专用人工智能，即在某一个特定领域应用的人工智能，比如会下围棋并且也仅仅会下围棋的 AlphaGo；通用人工智能是指具备知识技能迁移能力，可以快速学习，充分利用已掌握的技能来解决新问题、达到甚至超过人类智慧的人工智能。

通用人工智能是众多科幻作品中颠覆人类社会的人工智能形象，但在理论领域，通用人工智能算法还没有真正地突破，在可见的未来，通用人工智能既非人工智能讨论的主流，也还看不到其成为现实的技术路径。

▶ 1.2　变电站（换流站）对人工智能技术的需求 ◀

1.2.1　应用现状

人工智能不仅是一次技术上的改变，也是国家科技战略的中心方向，将为传统工作带来工业晋级的活力。人工智能在每一个领域的突破和发展，都会对变电站智能巡检的应用核心功能、数据运维管理等起到推动作用。目前人工智能在变电站的运用主要涉及以下几个方面：

（1）智能巡检。目前变电站主流发展方向是由少人值守逐步向无人值守过渡，对变电站智能巡检系统的功能要求就逐步向更加精细、更加智能、更加高效的方向发展。作为智能巡检系统的重要组成部分，变电站巡检机器人、无人机、高清视频及智能穿戴等在站内自主或远程工作，以协助或替代人工巡视工作，在不同国家得到了推广应用，人工智能技术在相应智能巡检设备的自主移动、控制与驱动、定位导航以及传感器数据采集、图像处理、语音采集与处理、系统分析与决策、大数据分析等方面都有应用。

（2）智能预警。人工智能变电站变电设备应用气味、声纹等识别技术达成自主感知、自动分析的功能，建立主动预警策略库，根据主设备和辅助设备数据变化趋势，自动收集设备内部状态、运行工况、环境信息、专业巡视结果、带电检测数据、在线监测信息及各类试验结果，自动实现设备状态实时分析、自动评价、自动诊断、智能预警等功能。

（3）智能设备操作。人工智能技术在远方操作、一键顺控等方面均有应用，一次设备触头压力感知、二次软压板变位成效判别等"双确认"技术，提升顺控全过程自检和运行状态监测能力；建立标准安全措施规则库、多源信息交互技术在线校核安全措施，实现状态自动判别、防误智能校核、异常精准定位、操作顺序执行的一键式倒闸操作。

（4）智能决策。研究各类设备故障特征和处理策略，建立故障智能分析和决策模型，研发故障关键信息筛选与过滤技术，实现故障信息与智能决策库快速匹配，自动判断故障类型，自动推送处理策略，提升故障处理准确性，减少故障处理时间。研究压板状态智能巡检技术，制定压板投退规则库，根据设备运行方式和位置状态，自动检测压板位置是否正确、故障状态下自动推送压板投退策略等。

1.2.2　应用需求

为了满足变电站日益增长的精益化管理需求，最大化地解放人力资源，对人工智能应用提出了如下需求，以全面支撑智能设备和智能运检，发挥最大效率。

（1）主动预警。自动收集和跟踪主辅设备运行工况、环境信息、巡视结果、带电检测数据、在线监测信息、各类试验结果及变化趋势，自动实现设备状态实时分析、自动评价、自动诊断、智能预告警，辅助运检人员进行缺陷分析及决策处理。

（2）联合巡检。利用机器人、高清视频、无人机等设备采集可见光照片、红外图谱等数据，通过图像识别技术自动识别设备状态、设备缺陷、运行环境等信息，自动生成巡检报告，替代人工开展例行、熄灯及特殊巡视，发现异常时推送告警及时提醒运维人员。

（3）作业管控。利用三维成像、精确定位、视频画面实时捕捉和智能识别等物联网技术，自动获取设备信息及工作任务，利用神经网络深层学习分析，实时分析掌控人员作业行为与移动轨迹，对现场违规行为进行智能自动告警，实时监控变电站异常信息，实现现场安全智能管控。

（4）一键顺控。利用先进的自动控制、智能传感、物联网、自主图像识别和智能判断等先进技术，实现变电站实时全景监测、运行状态的自适应，将传统人工填写操作票为主的倒闸操作模式转变为一键顺控操作模式。有效减少了无效劳动，降低了误操作风险，大幅提升了效率和效益。

（5）移动作业。变电移动作业以微应用的形式通过移动互联平台接入管理信息大区，快捷获取中台各类高级应用数据，利用实物 ID、图像语音识别、外设终端集成等技术手段实现变电运维、检修抢修、工程验收、检测试验、评价等运检业务的高效提升。

人工智能在变电站（换流站）中应用关系如图 1-2 所示。

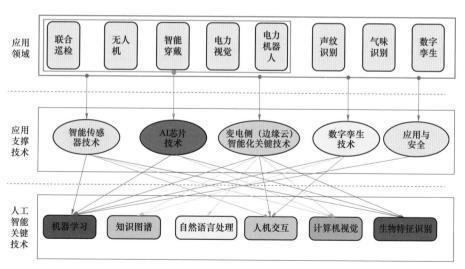

图 1-2　人工智能在变电站（换流站）中应用关系图

本书主要对人工智能在变电站（换流站）的应用所涉及的相关知识提出了一个较全面的基础性介绍，主要是围绕人工智能在变电站（换流站）应用的相关背景、人工智能在变电站（换流站）所涉及的相关技术及人工智能在变电站（换流站）的相关应用及相关展望与愿景进行展开。

相关背景： 可分为国际背景及国内背景。

相关技术： 系统介绍人工智能关键技术和人工智能在变电站（换流站）应用支撑技术。

愿景与展望： 总结变电站（换流站）信息化、基建建设、变电运检等领域人工智能的应用，引出人工智能对变电站网络技术发展的影响的相关思考，从而进一步提出了对联邦学习在变电站（换流站）人工智能技术应用的展望。

第2章

人工智能发展现状及人工智能与变电站（换流站）的关系

▶ 2.1 国际电力人工智能发展的现状 ◀

人工智能技术在国外电力系统中的应用可根据应用领域的不同分为新能源供应功率预测、电力系统安全与控制、运维与故障诊断、电力需求预测、电力市场交易预测等，实际应用环节又可分为感知、决策、执行，感知环节主要是信息的获取过程，体现为信息获取、辨识、预处理、分类、预测等功能的实现；决策环节主要是根据数据、模型等信息进行综合分析，体现为优化、博弈、推理、知识获取等过程；执行过程是实现系统的自主闭环控制、保护、自愈等功能，体现为控制、调度、保护、恢复等过程。

国外对人工智能在电力领域的研究实体包含四个方面：斯坦福等院校科研机构致力于研究算力、效力等模型创建与优化；Google 等互联网巨头将先进的人工智能技术应用到能源电力系统中；GE 等传统能源电气公司偏向专业物理模型与数据分析模型结合，提供完整解决方案；美国 C3 IoT 等小型高科技公司针对用电、配电与新能源领域数据进行深入分析，利用人工智能技术优势开展轻量级创新案例。

2.1.1 新能源供应功率预测领域

新能源供应随天气和时段变化较大，通常需要和传统能源或储能共同使用。掌握供需平衡是能源等公司面临的一大挑战，而机器学习等人工智能技术正好满足此类需求，具备大量的训练数据，且须训练出复杂的数据模型。

Alpha Go 的开发公司 DeepMind 和谷歌能源部门继续合作，将 DeepMindAI

算法向继棋牌、电子竞技和艺术、医疗之后，开始应用于风力发电功率预测中。自 2018 年起，将气象观测资料、气象预测和实地的量测结果接入 Google Deep Mind 的机器学习平台，提供 36h 后的风力预测，并将其应用在自家位于美国中部的 700MW 风力发电场，使自己的风力电场的电力因此提升了 20%的价值。通过提前预测未来风力缺口，电厂就有充裕的时间启动补充发电手段。

自 2011 年起，美国第四大能源公司 Xcel 就开始与美国国家海洋和大气管理局合作，使用机器学习技术开展风能输出的精准预测，Xcel 称此项目实现每年减少至少 250 000t 的 CO_2 排放量。

GE 公司的数字风电场解决方案，通过使用机器学习技术模拟特定场景中风机和环境天气的交互，使得 GE 公司可以根据风电场的具体的安放位置来设计风机，并持续优化风机的运转方式，提升风机约 20%工作效率。

2.1.2　电力系统安全与控制领域

随着电网逐渐采集不同类型能源，如风能、太阳能、电能，通过人工智能技术可以为这些动能的调度控制带来更多的稳定性和效率。

一家位于渥太华的能源初创公司 Blu Wave-ai，致力于使用人工智能技术来加速新能源的采集、传输和消耗，改善电网和风能、太阳能等可再生能源的运营情况。其在爱德华王子岛部署了首个基于 AI 的最佳能源调度平台，该平台通过采集来自物联网传感器的数据，以及全球天气数据，来预测新能源输出功率和实时的能源需求，通过优化双边数据来尽可能缩小电能传输量，加拿大的这座城市实现了年度 CO_2 排放量减少 4100t。

西门子发布了一款电力自动化操控软件，Active Network Management（ANN），实时跟踪电网如何与不同的电力负荷进行交互，并在有新能源接入电网或新的用能用户上线时，进行适当自动化调节，使得电力调度更加高效。

美国能源部于 2017 年授予斯坦福大学 SLAC 研究员一项研究奖励，使用人工智能技术来提升电网稳定性，通过用历史能源波动和脆弱性数据，建立起能够对重大电网事件进行无缝响应的自治电网。

2.1.3　运维与故障诊断领域

减少针对电力传输资产可靠性维护的成本是电力企业面临的一大挑战，电力单位试图利用无人机、高清晰摄影、红外图像等工具，然而由于这些工具会产生大量有待分析的设备图像，企业需要一种快速、高效、低成本的处理方式。

美国最大的电力技术研究所——美国电力中央研究所（Electric Power Research Institute，EPRI）——研究使用人工智能技术利用无人机来巡检输电与配电设施，通过训练 AI 算法，识别故障设备，并在较少人为干预下通过检测上千张图片来定位需维修的故障点。人工智能可以通过识别高风险、有故障的资产来提高供电可靠性。

2.1.4　电力需求领域

英国智能家居 AI 技术初创企业 Verv 为家电提供用电能耗检测，并将电力消耗情况展示在 App 中。AI 技术与智能家居相结合，可以帮助用户在电价低谷时段开启相应家电。

东芝公司研发中心的系统工程实验室于 2017 年获得了东京电力公司（Tokyo Electric Power Company Holdings Inc.，TEPCO）举办的第一届电力负荷预测技术比赛，赛事在当年 9 月初举行，赛期 9 天，让竞赛者们根据前一段时期的用电数据来预测下一个时段用电负荷。东芝公司通过使用稀疏建模技术，从海量数据中抽取强相关、高质量的数据，并使用预测数据与实际数据之间的差异进行不断的反馈训练，使得预测误差范围与传统预测手段比起来降低了0.5%，降到 1%。

2.1.5　电力市场交易领域

20 世纪 90 年代，电力领域在许多国家都属于计划和垄断行业，政府和本地机构监管着电力企业的运转，电价、服务、建设等都属于计划内。为了打破垄断出现了自由市场和电力交易，而交易方为了实现利益最大化，开展了不同措施的电价预测。电价预测受较多的参数影响，且需处理大量的原始数据，因而非常适用于基于人工智能技术的计算。

随着新能源在混合能源使用的比重增加，电网的供需平衡变得更有挑战，导致了尤其是短期市场的电价波动明显，为了最大化利益、减少短期交易风险，比利时公司 N-SIDE 推出基于机器学习技术的 N-SIDE 电价预测平台，利用平均约 5 万个训练参数，以及来自历史天气情况、电网负荷、电价等 500 多个数据源，帮助不同电力交易市场的用户能够从周预测转变到实时预测，利用峰谷电价，灵活调控电力消耗，增加基于电能消耗的生产产量。

▶ 2.2 国内电力人工智能现状及研究进展情况 ◀

随着电力领域人工智能推广应用越来越深入，国内先后出台了针对人工智能发展的政策，并将其上升到国家战略的高度。中国在 2015 年发布《关于积极推进"互联网＋"行动的指导意见》，在 2016 年将"人工智能"列入国家"十三五"规划纲要，2017 年"人工智能"首次写入政府工作报告和十九大报告，2018～2020 年中央先后召开会议强调要求加快新型基础设施建设进度。

国家电网公司近期提出了战略目标：2020～2025 年，基本建成具有中国特色国际领先的能源互联网企业，智能化数字化水平显著提升，能源互联网功能形态作用彰显。能源互联网是以电为中心，以坚强智能电网为基础平台，将先进信息技术、控制技术与先进能源技术深度融合应用，支撑能源电力清洁低碳转型，能源综合利用效率优化和多元主体灵活便捷接入，具有清洁低碳、安全可靠、泛在互联、高效互动、智能开放等特征的智慧能源系统。人工智能技术对于能源互联网所特有的非线性、不确定性强、耦合性强、多变量等问题具有天然优势，是能源互联网的必然选择。

国家电网公司响应政策号召规划了数字新基建重点建设任务，建设电力人工智能开放平台，年内建成人工智能样本库、模型库和训练平台，探索 13 类典型应用。主要为建设人工智能开放能力平台，面向电网安全生产、经营管理和客户服务等场景，研发电力专用模型和算法，打造设备运维、电网调度、智能客服等领域精品应用，提高电网安全生产效率、客户优质服务和企业精益管理水平。

2.2.1 电力新能源领域

中国电力科学研究院（简称中国电科院）基于多年新能源场站光伏运行数据，挖掘光伏波动规律，构建面向不同波动过程的差异化智能感知模型，实现了光伏不同波动过程的适应性预测。全球能源互联网研究院新能源电站无人机智能巡检与动态监测平台为无人机采集数据、平台分析问题，并以 Web 可视化的方式展示分析结果，解决传统巡检中所面临的人工巡检成本较高、周期较长、准确度低，甚至可能出现人身安全隐患等问题。此外，以"故障管理系统"为总体思路的平台相较于传统的"巡检工具"而言，能够实现故障数据的 24h 累计、量化以及预测等功能，解决传统方案"只见数据不见结论，只见细节不见全局，只见当下不见趋势"的问题，最终达到"既有数据又有结论"的目的，为新能源电站的运维管理提供更智能化的解决方案。

中国电机工程学会组织国家电网公司、南方电网公司、华能集团等单位开展了《电力行业碳达峰碳中和实施路径研究》报告的编制工作，将人工智能技术列为实现碳达峰碳中和目标的重要支撑技术。人工智能技术将促进电力生产、输送、交易、消费及监管等各个环节的高质量发展，全面提高电力系统全流程的生产效率，进一步提高火电调峰与辅助服务能力，提高新能源出力稳定性，促进电网数字化转型升级，优化储能系统管理运营，不断提高新能源消纳水平，降低电力系统总体碳排放，推动电力企业高质量发展，为"碳达峰""碳中和"目标的实现提供了坚强技术支撑。

2.2.2　电力数据资源领域

国家电网公司在电网运行、用户服务和企业运营的过程中积累了大量多粒度、多结构、多来源的数据，通过整理与标注设备巡检、客户服务、电商金融等领域的影像、语音、文本等多结构数据，打造了公司级别的样本库。

（1）20 万张输电通道隐患和本体缺陷图片数据，构建了导地线、绝缘子、异物等 8 大类缺陷图片样本库。

（2）输变电工程施工影像样本超过 10 万余张，涵盖公共部分、变电站土建工程、变电站电气工程、架空线路工程、电力沟道及隧道施工、电缆线路工程 6 大类，施工用电、变电站桩基础施工、架空线路复测、明开沟道施工、电缆敷设施工等 42 小类风险场景。

（3）变电站声纹样本 2.5 余万条，涵盖变压器直流偏磁、组件松动、绕组变形、有载分接开关动作异常、断路器操作机构异常等缺陷场景。

（4）变电设备巡检影像样本超过 10 万余张，涵盖缺陷识别、状态识别、安全风险 3 大类，渗漏油、绝缘子破损、表计破损、金属锈蚀、硅胶变色、异物等 25 小类缺陷场景。

（5）国网客服中心累计收集语音数据 75.14TB，标注样本 7000h，大小800G。

（6）电商公司积累了样本图片 13 万张、文字图片 80 万张、任意角度图片1.5 万张、中文数据 360 万条、人脸图片 20 万张、文本分类样本 50 万条、实体识别样本 17 万条。

（7）电力领域分词样本 19 万条，电力领域文本与训练样本 2600 万句，电力实体样本 1000 万条。

2.2.3 电力自主芯片领域

国家电网公司成立芯片产业发展领导小组，印发《关于加快推进芯片产业发展的指导意见》，充分发挥业务应用、装备制造、芯片研发全业务链条优势，通过应用牵动自主芯片产业快速发展。

北京智芯微电子科技有限公司打造了以工业级低功耗人工智能芯片猎鹰A101 为核心，集芯片、模组、终端、算法、平台于一体的人工智能云边端协同软硬件产品及应用体系，经中国电力企业联合会鉴定，基于猎鹰 A101 芯片的输电线路融合型智慧终端技术指标达到国际领先水平。

2.2.4 人工智能平台建设

为有效支撑公司人工智能应用，中国电科院、国网电力科学研究院（简称国网电科院）、联研院、国网信通公司、国网客服中心、大数据中心等多家单位正在开展"两库一平台"建设工作。

"两库一平台"提供样本管理、模型管理、训练工具、模型运行环境等，支撑人工智能应用开发和运行，面向各类用户提供统一门户，方便各类资源和工具使用。基础组件实现存储管理、容器管理、资源隔离、负载均衡等基础功能，支撑上层任务和业务。管理中心包括镜像管理、套餐管理、用户管理、安全管理等功能，实现对样本库、模型库和人工智能平台的一体化管理。人工智能平台包括模型开发、模型训练、模型评估、模型服务等功能。样本库包括样本管理、样本标注和样本共享等功能，可实现数据智能分类。模型库包括模型管理、模型验证和模型共享等功能统一门户作为资源、样本、模型、应用等内容访问的出入口，实现"两库一平台"全面共享开放。

"两库一平台"从技术方面包括资源层、能力层、服务层和应用层，实现基础资源管理、平台能力构建，通过服务层支撑各类应用资源层提供计算资源，依托国网云上的基础设施资源，为了规模化使用的方便性和提升使用体验，应将模型服务尽量在该单位云上部署使用。能力层包括样本库、模型库及人工智能平台。样本库包括样本管理、样本标注和样本共享；人工智能平台包括机器学习框架、资源管理、训练、运行组件；模型库包括模型管理、模型验证和模型共享。服务层整合智能语音、自然语言处理、计算机视觉等模型服务，为人工智能应用场景建设提供支撑。

2.2.5　人工智能应用领域

涉电业务：为解决部分电力政务服务审批流程复杂、耗时长的问题，国网山东电力通过打通电力内网与政务服务网，基于图像识别、OCR、知识图谱等人工智能技术，在全省 17 家地市公司实现供电服务流程的线上线下、前端后台无缝衔接，实现了居民客户"刷脸办电""零证办电"、工作人员快捷现场作业等 9 类涉电政务信息共享与快速办理。

设备智慧运维：为提升电力设备运维与电力机器人作业智能化水平，国网山东电力、国网福建电力、国网江苏电力、国网冀北电力等多家单位在省内多个地市试点示范绝缘漆喷涂机器人、智能配电站房、输电线路无人机智能巡检、变电站自主巡检机器人等智慧运维应用。

能源认知大脑：国网山东电力在青岛、莱芜、德州、日照等地市推广实施了能源认知大脑，基于自然语言处理、知识图谱、语音识别、智能交互等技术，结合 SG-CIM 模型，建立公司级知识图谱，打造了能听、能说、能看、会思考的电力领域企业级大脑，在人资、财务、运检、基建等专业实现统一智能化语音语义查询、问答及分析等。

现场作业安全管控：为有效识别电力作业现场安全隐患、降低人身与财产损失，国网山东电力、国网江苏电力等，在省内多个地市试点违章智能告警应用，全面覆盖运检、基建与其他高风险或复杂工序现场。

➤ 2.3　智能变电站（换流站）发展现状 ◀

2.3.1　智能电网变电领域投资规模

在"十二五"期间，国家电网公司大力开展智能变电站试点工作，建立了智能变电站关键技术基本理论、技术标准体系，积累了众多的建设经验，奠定了全面推广建设智能变电站的基础。根据国家电网公司的相关资料显示，我国智能变电站建设已由点向面推进，从北川 110kV 智能变电站到 220kV 西泾智能变电站，从 500kV 兰溪变电站到世界电压等级的智能变电站——750kV 延安变电站，从国内首座以"镜像"方式布局的 500kV 智能变电站——500kV 常熟南变电站再到首座 330kV 等级智能变电站。我国智能变电站建设在不断取得新突破的同时，技术也日渐成熟。

根据国家电网公司发布的《国家电网智能化规划总报告》，在第一阶段

（2009—2010 年），国家电网公司新建智能变电站 46 座，在运变电站智能化改造 28 座；第二阶段（2011—2015 年），国家电网公司新建智能变电站 8000 座，在运变电站智能化改造 50 座；在第三阶段（2016—2020 年），国家电网公司新建智能变电站 7700 座，在运变电站智能化改造 44 座。根据国家政策以及对变电站智能化的决心，前瞻预测"十四五"期间智能变电站将新建 7411 座，在运改造 39 座。

2.3.2 智能变电站行业发展概况

当前智能电网已经成为国内外电力领域研究的重点方向和未来电力改革的必然趋势。2001 年，智能电网被美国电力科学研究院最早提出来时只形成一个笼统的概念，之后该术语涵盖什么技术、起到什么作用、实现哪些功能等在世界各国中一直没有形成完全统一的意见，不同国家对这项研究的侧重点始终不同。从 2009 年我国第一次提出智能电网的目标到国家"十二五规划纲要"以及政府工作报告中明确提到智能电网的建设与发展，智能电网的重要性已经不言而喻，用电可靠性关系到民生和社会稳定，智能电网的出现，在大量减少人工劳动力的同时，使供电可靠性有了一个全面的提高，发展智能电网已经从企业行为上升到国家战略的高度。国家 863 计划中，针对很多技术尖端的问题，对其中大规模、大容量智能能源分配领域指明了研究方向，其中就明确提到了智能配电与用电技术和大电网智能调度与智能输变电技术此类课题。在"十二五"期间要完成新建 5000 多座智能变电站和对约 1000 座传统变电站完成智能化改造的计划。我国智能变电站的发展有些已处于成熟阶段，有些仍处于理论研究阶段。

国家电网公司一直在以特高压电网为核心，构建以"信息化、数字化、自动化、互动化"为特征的坚强智能电网。当前时期是一个科技快速发展的时期，也是我国坚强智能电网建设不断取得重要突破的时期，更是国家电网公司进入特大型、超高压电网快速发展的新时期。中国电科院和国内的各大电力设备制造厂商从 2001 年开始关注 IEC 61850 系列标准并开始对该标准进行翻译，目前已经发布了 IEC 61850 系列标准的正式版，并多次组织互操作试验。到目前为止，国内已投运多个智能变电站，例如 550kV 浙江南溪站、220kV 青岛午山站、220kV 江苏西径站、110kV 河南金谷源站等，为我国智能变电站的发展打下了坚实的实践基础。2014 年年底，有 6 座新一代智能化变电站在我国投入运行，且运行状态优良，一体化业务系统、辅助控制系统等运行平稳，运行控制效率大幅提升。2015 年，国家电网公司将更新升级后的智能变电站在全国各地全面普及建设。全新一代的变电站采用集成化的智能设备，使变电站的运行水平和整体化设计得到全面提高，并且优化了电气主接线及平面布置，从变电站的整体设计、设备的安放位置、运行的各种控制等方面推进新设备的研制，提供新一代智能化变电站建设的研究方向和经验。可以这样说，建设智能电网在我国现在的形势中已经形成共识。2016 年 9 月，"大电网运行与清洁能源消纳"主题学术研讨会在南京举行，中、美、德、英、韩等国电力领域专家就智能电网、清洁能源等问题展开学术讨论。近年来，我国智能电网技术在国际上已经实现由"跟随者"向"引领者"的转变，智能电网产业"走出去"的步伐正在加快。

国网电网公司的智慧能源基础设施中最突出的亮点是"促成多站分布式逻辑融合、结构式相辅相成、数据式横向贯通，对内支撑坚强智能电网业务，推进共享型企业建设"，以此可实现变电站、充（换）电站、储能站、5G 基站、光伏站、北斗基站等多站的结构相互支撑和数据信息共享，从某种意义上说，这也是变电站的"智慧"所在。

由于各国能源分布状况存在差异，国外各大厂家对智能电网的理解不同，因此针对智能电网的建设思路也不同。例如：SIEMENS 公司认为智能电网的重点在于高度自动化程度和自愈能力，而 ABB 公司的注重点在于电网运行状态的采集。目前一体化电网已经在世界各国中逐步发展形成，应用一体化电网，可以连接模式光伏、风电组成的微电网等各种供电和用电设施，并且整合后的能源会以更高效更经济的方式供出。通过对国内外智能电网发展现状的分析，可以清楚地发现智能化已经成为全球发展的必然趋势，因此要加大研究力度，提高智能变电站技术水平，以确保电网的安全、稳定运行，进而提高我国电网和电能质量在全球电力能源的综合实力。美国 Silver Spring Networks 公司为电力公司提供面向智能电网的高级电表架构（AMI）搭建的可以完美运行的解决方案。

≫ 2.4　人工智能发展与变电站（换流站）的关系 ≪

变电站承担着变换电压等级、汇集电流、分配电能和调整电压的重要作用，其安全运行关系到整个电力系统的安全稳定。变电站设备巡视和环境监控是变电站运行维护工作中的重要组成部分，传统变电巡检工作量大、效率低、设备状态掌控力弱、巡检缺乏高效技术手段。

为了支撑智能变电站和智慧变电站应用建设和运维需求，一体化运维平台应运而生，总体架构自下而上划分为感知层、网络层、平台层及应用层，通过综合采集站内设备、环境及现场人员作业信息实现融合分析，通过全息感知、知识图谱、主设备状态评价和故障诊断以及数字孪生应用的平台化构建，以人工智能服务引擎服务方式支撑变电设备巡检缺陷、红外图像识别、声纹识别、多维融合分析及状态检修辅助决策等应用。

2.4.1　全息感知巡视

依托变电站内在线监测装置、监控摄像头、智能巡检机器人、可穿戴设备等各种新型感知装置，完成变电站各类巡检信息的采集，构建变电站全息状态感知体系，为构建规范化的变电站设备巡检样本库提供数据来源。同时利用站内全息状态感知体系，结合图像识别、视频分析、声纹识别等人工智能技术以及边缘计算技术、5G 通信和云端人工智能基础平台构建起云边端协同的变电站智能巡视系统，实现站内设备状态和环境的实时巡视。

2.4.2　变电设备知识图谱

当前，变电设备运维业务的开展主要依靠人工监视和经验分析，运检人员对知识储备的差异性可能导致无法及时发现处理设备潜在缺陷故障，需要构建完备的知识图谱辅助一线变电运检工作人员。

国家电网公司设备部、大数据中心先后在国网山东、浙江、湖北电力等公司开展变电主设备缺陷知识图谱试点建设工作，应用知识图谱、图谱计算等技术构建电力设备缺陷谱系、缺陷智能检索、知识问答等功能模块，挖掘设备缺陷深层关系，面向设备专业管理及运维检修人员提供智能化、个性化的电力设备缺陷知识服务，最终实现设备知识应用与服务的推广。

主变压器缺陷图谱分析：基于知识图谱可视化与图计算技术，利用主变压器设备缺陷知识图谱，多角度分析缺陷发生原因、发展趋势以及与其他变电设备关联关系。

设备缺陷知识智能搜索：通过语义分析以及实体链接技术，提供多种设备缺陷知识的一框式搜索、设备知识体系、知识卡片、知识分类、可视化设备图谱，以及设备标准、制度、作业指导书、工作手册的混合检索和关联推荐。

设备缺陷知识问答：面向设备运行检修业务人员，提供设备缺陷的智能化多轮问答服务，主要包括设备缺陷案例、缺陷分类及判断依据、设备电网拓扑信息以及缺陷处理流程等典型缺陷业务场景的知识问答。

2.4.3 状态评价与故障诊断

基于站内设备的感知巡视信息与设备缺陷知识图谱开展状态评价、缺陷识别与故障诊断智能应用。

电力变压器状态评价：针对目前大型电力变压器状态评价在数据质量、样本分布、错误代价与模型表现等方面存在的问题，引入了类别均衡、代价敏感修正等处理技术，并在集成学习的框架下融入了领域知识与专家经验，研发的状态评价集成模型在公司电网运检智能化分析管控系统中集成，面向全网 500kV 变压器进行日频次的状态评价，对非正常状态样本识别准确率在 80%以上。

变压器声纹在线监测系统：基于终端部署的声纹采集装置，利用边缘计算、深度学习等语音分析算法，提取功率密度、频谱分布等缺陷特征参量，采用创新的声纹识别算法库进行语料训练、迭代、优化，提出缺陷告警阈值和类型识别模型，实现了变压器运行状态的声纹在线监测及主动预警。

多光谱缺陷智能诊断系统：通过构建变电设备巡检图像人工智能训练验证云服务平台，以机器人、高清视频摄像头等多种巡检方式采集到的巡检样本为基础，汇聚全网变电站设备缺陷图像标注样本，构建典型缺陷样本库，实现数据资源共享、计算资源共享，持续开展图像模型算法迭代优化及模型验证评估，实现对表计破损、绝缘子破损、渗漏油、异物等 25 类可见光设备缺陷的自动化识别，同时结合红外诊断技术实现多光谱融合分析，建立多视角、多终端、多维度的变电设备巡检图像智能协同诊断，支撑变电设备运维检修工作的开展。

变电巡检图片数据深度挖掘系统：通过选取大量同环境同类型的样本设备历史数据来获取变电设备的锈蚀发展规律，精准预测锈蚀变化趋势，识别效率可提高 2～3 倍。

2.4.4 数字孪生应用

在电力物联网建设的具体场景中，数字孪生技术可应用于支撑虚拟现实下电网的智能规划及优化设计、精准电网故障模拟云测仿真、虚拟电厂、智能设备监控、电力机房调控、变电站设备监控等业务。

依托数字孪生技术，变电站不仅能在设备出现异常情况时实现"双向互动""循环复诊"，还能利用人工智能分析等核心技术，对动态数据以及历史数据进行研判分析，实时诊断、分析和告知设备的健康状态以及异常发展趋势，输出差异化、精细化的检修策略，由预防性检修转向预测性检修。

当前，国家提出加快新型基础设施建设，"5G+云+AI"等先进信息技术与工业互联网融合所形成的新型工业生产和服务体系，使其成为支撑第四次工业革命的基础设施。2020 年 4 月 27 日，上海市政府在《上海市推进新型基础设施建设行动方案》中提及"探索建设数字孪生城市"。

第3章

人工智能关键技术

» 3.1 人工智能发展进程 «

知识蕴藏在数据之中，互联网时代，人类在与自然和社会的交互中产生了异常庞大的数据，其中包含了大量描述自然界和人类社会客观规律的有用信息，它们以图片、声音、文字、视频等各种载体表示和存储，如何让计算机自动阅读、分析、理解这些海量、繁杂乃至泛滥的数据，从中挖掘有价值的知识，向用户提供精准知识服务，是构建下一代信息服务乃至人工智能技术的核心目标之一。人工智能发展至今已有60余年，经历了几起几落，一共出现了三次发展浪潮，目前正处在第三次浪潮中。

（1）第一次浪潮。1956年夏天在美国达特茅斯（Dartmouth）学院召开的一场学术研讨会上，"人工智能"这一术语被约翰·麦卡锡首次提出，由此开辟了人工智能这一学科。

达特茅斯会议推动了全球第一次人工智能浪潮的出现，即1956年到1974年。人工智能跟随着计算机一起快速发展，在这一时期学术界对人工智能的贡献最大，深度学习的雏形感知器和增强学习的雏形贝尔曼公式都出现在这一时期。

然而20世纪70年代初，研究人员发现逻辑证明器、感知器等只能解决一些简单的问题，稍微超出范围就无法应对。先天缺陷导致人工智能在早期发展过程中遇到瓶颈，随即迎来第一次寒冬。

（2）第二次浪潮。直到1980年，卡耐基·梅隆大学为DEC公司制造出了一种名为"专家系统"的人工智能程序，能为DEC公司每年节约4000万美元左右的费用，特别是在决策方面能提供有价值的内容。受此鼓励，很多国家包括日本、美国都再次投入巨资开发所谓第 5 代计算机，当时称为人工智能计算机。这个时期还出现了人工智能数学模型方面的重大发明，其中包括著名的多层神经网络和反向传播算法（Back Propagation）等，为人工智能带来第二次发展热潮。以此为理论基础研发的信封上邮政编码的自动识别机器，精度可达 99%以上。

然而随着 20 世纪 80 年代末个人计算机的逐渐推广，专家系统的机器维护费用高、难以升级等局限性凸显，人工智能的发展再次进入低潮。

（3）第三次浪潮。2006 年，Geoffrey Hinton 对深度学习的提出以及模型训练方法的改进打破了神经网络长久以来的发展瓶颈，也开启了以深度学习为主导的人工智能的研究与应用新浪潮。Hinton 在学术期刊《Science》上发表论文提出：多层神经网络模型具有很强的特征学习能力，学习到的特征数据对原始数据有更本质的代表性，更有利于分类和可视化问题，而对于深度神经网络很难训练达到最优的问题，可以采用逐层训练的方法解决。与传统的基于工程技术和专业领域知识手工设计特征提取器不同，深度学习对输入数据逐级提取从底层到高层的特征，建立从底层信号到高层语义的映射关系，从通用的学习过程中获得数据的特征表达。

近几年，UC 伯克利大学、清华大学等许多著名大学都有学者在从事深度学习研究，而 Google、Facebook、百度、华为等知名 IT 公司也投入了大量的人力物力研发深度学习应用技术。2012 年，华为成立诺亚方舟实验室，运用以深度学习为代表的人工智能技术对移动信息大数据进行挖掘，寻找有价值的规律。2013 年，百度成立深度学习研究院，研究如何运用深度学习技术对大数据进行智能处理，提高分类和预测等任务的准确性。国际 IT 巨头 Google、Facebook 等也成立了新的人工智能实验室，投入巨资对以深度学习为代表的人工智能技术进行研究。Hinton 等多位深度学习的知名教授也纷纷加入工业界，以深度学习为支撑技术的产业雏形正逐步形成。如图 3-1 所示。

当前这次浪潮的人工智能代表技术包括机器学习、知识图谱、自然语言处理、人机交互、计算机视觉和生物特征识别等技术，本章后面几节对上述技术进行简要介绍。

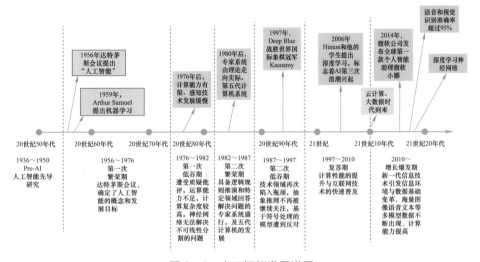

图 3-1　人工智能发展进程

» 3.2 机 器 学 习 «

　　机器学习是计算机科学的子领域，是一门多领域交叉学科，涉及概率论、统计学、逼近论、凸分析、算法复杂度理论等多门学科，是人工智能的核心。

　　机器学习是通过一些让计算机可以自动"学习"的算法，从数据中分析获得规律，然后利用规律对新样本进行预测。机器学习这门学科所关注的是计算机程序如何随着经验积累自动提高性能。可对其做形式化的描述：对于某类任务 T 和性能度量 P，如果一个计算机程序在 T 上以 P 衡量的性能随着经验 E 而自我完善，那么就称这个计算机程序在从经验 E 学习。

　　机器学习技术在变电站智能应用领域范围很广，在变电站设备外观缺陷识别、设备家族缺陷分析、运维检修、智能数据分析推理等方面都有应用。

3.2.1　机器学习发展历史及流派

　　机器学习是一门不断发展的学科，虽然只是在最近几年才成为一个独立学科，但机器学习的起源可以追溯到 20 世纪 50 年代以来的人工智能的符号演算、逻辑推理、自动机模型、启发式搜索、模糊数学、专家系统以及神经网络的反向传播 BP 算法等。虽然这些技术在当时并没有被冠以机器学习之名，但时至今日它们仍然是机器学习的理论基石。从学科发展过程的角度思考机器学习，有助于理解目前层出不穷的各类机器学习算法。

机器学习的发展分为知识推理期、知识工程期、浅层学习和深度学习几个阶段。知识推理期起始于 20 世纪 50 年代中期，这时候的人工智能主要通过专家系统赋予计算机逻辑推理能力，赫贝特·西蒙（Herbert Simon）和艾伦·纽厄尔（Allen Newell）实现的自动定理证明系统 Logic Theorist 证明了逻辑学家拉塞尔（Rusell）和怀特黑德（Whitedead）编写的《数学原理》中的 52 条定理，并且其中一条定理比原作者所写更加巧妙。20 世纪 70 年代开始，人工智能进入知识工程期，费根鲍姆（E.A.Feigenbaum）作为"知识工程之父"在 1994 年获得了图灵奖。由于人工无法将所有知识都总结出来教给计算机系统，所以这一阶段的人工智能面临知识获取的瓶颈。实际上，在 20 世纪 50 年代，就已经有机器学习的相关研究，代表性工作主要是罗森布拉特（F.Rosenblatt）基于神经感知可行提出的计算机神经网络，即感知器，在随后的 10 年中浅层学习的神经网络曾经风靡一时，特别是马文·明斯基提出了著名的 XOR 问题和感知器线性不可分的问题。由于计算机的运算能力有限，多层网络训练困难，通常都是只有一层隐含层的浅层模型，虽然各种各样的浅层机器学习模型相继被提出，对理论分析和应用方面都产生了较大的影响，但是理论分析的难度和训练方法需要很多经验和技巧，随着最近邻等算法的相继提出，浅层模型在模型理解、准确率、模型训练等方面被超越，机器学习的发展几乎处于停滞阶段。2006 年，希尔顿（Hinton）发表了深度信念网络论文，本戈欧（Bengio）等人发表了"Greedy Layer-Wise Training of Deep Networks"论文，乐康（LeCun）团队发表了"Efficient Learning of Sparse Representations with an Energy-Based Model"论文，这些事件标志着人工智能正式进入了深层网络的实践阶段，同时，云计算和 GPU 并行计算为深度学习的发展提供了基础保障，特别是最近几年，机器学习在各个领域都取得了突飞猛进的发展。

在机器学习的发展过程中，随着人们对智能的理解和现实问题的解决方法演变，机器学习逐渐产生了几大流派。最初，机器学习分为联结主义和符号主义两大学派，随着机器学习的发展，逐渐划分为五大流派，即符号主义、联结主义、进化主义、贝叶斯派还有行为类比主义，见表 3-1。

表 3-1　　　　　　　　　机器学习的五大流派

派别	起源	擅长算法
符号主义 （Symbolists）	逻辑学、哲学	逆演绎算法 （Inverse deduction）
联结主义 （Connectionists）	神经科学	反向传播算法 （Backpropagation）

续表

派别	起源	擅长算法
进化主义 （Evolutionaries）	进化生物学	基因编程 （Genetic programming）
贝叶斯派 （Bayesians）	统计学	概率推理 （Probabilistic inference）
行为类比主义 （Analogizer）	心理学	核机器 （Kernel machines）

3.2.1.1　符号主义（Symbolists）

符号主义是一种基于逻辑推理的智能模拟方法，又称为逻辑主义，其算法起源于逻辑学和哲学，通过对符号的演绎和逆演绎来进行结果预测。举个例子：根据 2+2＝? 来预测 2+? ＝4 中的未知项。

该学派认为：人类认知和思维的基本单元是符号，而认知过程就是在符号表示上的一种运算。它认为人是一个物理符号系统，计算机也是一个物理符号系统，因此就能够用计算机来模拟人的智能行为，即用计算机的符号操作来模拟人的认知过程。

3.2.1.2　联结主义（Connectionists）

联结主义是统合了认知心理学、人工智能和心理哲学领域的一种理论。联结主义建立了心理或行为现象模型的显现模型——单纯元件的互相联结网络。联结主义有许多不同的形式，但最常见的形式利用了神经网络模型。

联结主义的中心原则是用简单单位的互联网络描述心理现象。联结的形式和单位可以从模型到模型修改。例如，网络的单位可以描述神经元，联结可以描述突触。另一个模型网络中每个单位用一个词表示，每个联结用一个语义类似的词表示。神经网络是今天联结主义模型的主导形式，如今流行的深度学习也是此学派的一个延伸。

3.2.1.3　进化主义（Evolutionaries）

进化主义起源于生物进化学，该学派擅长于使用遗传算法和遗传编程。例如佛蒙特大学的 Josh Bongard 研发的基于生物进化理论的"海星机器人"，它能够通过内部模拟来"感知"身体各个部分，并进行连续建模。因此，即使没有外部编程，它也可以自己学会走路。进化理论认为反向传播只是在模型中调整权重而已，而没有整个弄明白大脑的真正来源是什么。所以要搞清楚整个进化过程是如何进行的，然后在计算机上模拟同样的过程。

3.2.1.4 贝叶斯派（Bayesians）

贝叶斯决策是在不完全情报下，对部分未知的状态用主观概率估计，然后用贝叶斯公式对发生概率进行修正，最后再利用期望值和修正概率做出最优决策。其基本思想是：已知类条件概率密度参数表达式和先验概率，利用贝叶斯公式转换成后验概率，根据后验概率大小进行决策分类。基于概率统计的贝叶斯算法最常见的应用就是反垃圾邮件功能，贝叶斯分类的运作是借助使用标记与垃圾邮件、非垃圾邮件的关联，然后搭配贝叶斯推断来计算一封邮件为垃圾邮件的可能性。

3.2.1.5 行为类比主义（Analogizer）

行为类比主义者所持的基本观点为：我们所做的一切、所学习的一切，都是通过类比法推理得出的。所谓的类比推理法，即观察我们需要做出决定的新情景和我们已经熟悉的情景之间的相似度。

3.2.2 机器学习基本算法

机器学习算法是一类从数据中自动分析获得规律，并利用规律对未知数据进行预测的方法，可大致分成监督学习、无监督学习和强化学习。

监督学习是使用标记的训练数据来学习从输入变量 X 到输出变量 Y 的映射函数，$Y=f(X)$。监督式学习的常见应用场景如分类问题和回归问题。分类是预测输出变量处于类别形式的给定样本的结果。例子包括男性和女性、病态和健康等标签。"回归"是预测输出变量为实值形式的给定样本的结果。例子包括表示降雨量和人的身高的实值标签。代表的 5 个算法包括线性回归、Logistic 回归、CART、朴素贝叶斯和 KNN。后面提到的合奏也是一种监督学习，通过结合多个不同弱 ML 模型的预测来预测新的样本。代表性的算法包括随机森林套袋和 XGBoost 增强。

无监督学习问题只有输入变量 X，没有相应的输出变量。它使用无标签的训练数据来模拟数据的基本结构。非监督学习的常见应用场景包括关联规则的学习以及聚类等。关联是发现集合中项目共现的概率，广泛用于市场篮子分析。例如：如果顾客购买面包，那么他有 80%的可能购买鸡蛋。聚类是对样本进行分组，使得同一个群集内的对象彼此之间的关系比来自另一个群集中的对象更为相似。常见的三类无监督学习算法包括 Apriori，K-means 和 PCA。

强化学习问题强调如何基于环境而行动，以取得最大化的预期利益。其灵感来源于心理学中的行为主义理论，即有机体如何在环境给予的奖励或惩罚刺激下，逐步形成对刺激的预期，产生能获得最大利益的习惯性行为。强化算法通常通过反复试验来学习最佳行为。这种学习模式下，输入数据作为对模型的反馈，不像监督模型那样，输入数据仅仅是作为一个检查模型对错的方式，在强化学习下输入数据直接反馈到模型，模型必须对此立刻做出调整。强化学习的常见应用场景包括动态系统以及机器人控制等。强化学习的常见算法包括 Q-Learning 以及时间差学习（Temporal Difference Learning）。强化学习更多的应用在机器人控制及其他需要进行系统控制的领域。

　　以下介绍 10 个常用的机器学习基础算法，其中包括 5 个监督学习算法：线性回归、Logistic 回归、分类和回归树、朴素贝叶斯以及 K 最近邻算法（KNN）；3 个无监督学习算法：Apriori、K-means，主成分分析（PCA）以及 2 个集成算法：随机森林装袋和 AdaBoost 助力。

3.2.2.1　线性回归

　　回归分析是一种预测性的建模技术，它研究的是因变量（目标）和自变量（预测器）之间的关系。这种技术通常用于预测分析、时间序列模型以及发现变量之间的因果关系。通常使用曲线/线来拟合数据点，目标是使曲线到数据点的距离差异 r 最小。

　　线性回归是回归问题中的一种，线性回归假设目标值与特征之间线性相关，即满足一个多元一次方程。通过构建损失函数，来求解损失函数最小时的参数 b_0 和 b_1，如图 3-2 所示。通常可以表达成如下公式

$$\hat{y} = b_0 + b_1 x \tag{3-1}$$

式中　$\hat{y}$——预测值。自变量 x 和因变量 y 是已知的，而想实现的是预测新增
　　　　一个 x，其对应的 y 是多少。因此，为构建这个函数关系，目标是
　　　　通过已知数据点，求解线性模型中 b_0 和 b_1 两个参数。

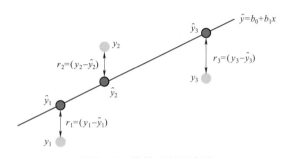

图 3-2　线性回归示意图

3.2.2.2 Logistic 回归

Logistic 回归是统计学习中的经典分类方法，属于对数线性模型，所以也被称为对数几率回归。需要注意的是，虽然带有回归的字眼，但该模型是一种分类算法。Logistic 回归和上述线性回归最大的区别在于因变量 y 的数据类型，y 在线性回归分析中属于定量数据，而在 Logistic 回归分析中则属于分类数据。Logistic 回归可以分为二元和多元逻辑回归两种。

对于二元 Logistic 回归，即给定一个输入，输出 True 或 False 来确定它是否属于某个类别，并给出属于这个类别的概率。Logistic 回归简单、高效，应用非常广泛。其数学描述比较简单，输入为向量 x，中间有一个临时变量为 t，W 和 b 为模型参数，公式如下

$$t = WX + b \tag{3-2}$$

t 值仅呈现线性相关，下式的 $h(t)$ 可表示非线性关系。一般采用 Sigmoid 函数作为转换函数 $h(t)$。Sigmoid 函数公式如下

$$h(t) = \frac{1}{1 + e^{-t}} \tag{3-3}$$

Sigmoid 的函数曲线如图 3-3 所示，其取值区间在（0，1），因此最终的结果取值范围也在（0，1）。

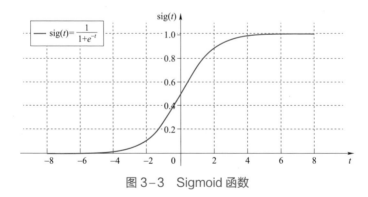

图 3-3　Sigmoid 函数

把式（3-2）代入式（3-3），即可把 Sigmoid 函数的公式化简为 Logistic 回归的表达式，如式（3-4）所示

$$f(X) = \frac{1}{1 + e^{-WX}} \tag{3-4}$$

对于 t 表达式的参数 b，可以理解为 b 乘以一个值为 1 的 w_0，因此可以将 b 化简到 X 的系数 W 中。通过 Sigmoid 函数的取值区间（0，1）来确定输出的是 False 还是 True，进而达到二分类的目的。

从应用的角度，Logistic 回归可分为二元 Logistic 回归、多元无序 Logistic 回归和多元有序 Logistic 回归三种，见表 3-2。

表 3-2　　　　　　　　　　　　Logistic 回归种类及特点

类型	因变量 y 的取值示例	描述
二元逻辑回归	（"成功"或"失败"）、（"存在"或"不存在"）等	处理简单的二分类问题
多元无逻辑回归	（"苹果""香蕉""梨子"）	处理多分类问题，且类别之间无对比
多元有逻辑回归	（"不喜欢""无所谓""喜欢""很喜欢"）	处理多分类问题，且类别之间存在对比

在大部分场景下，Logistic 回归通过二分类的形式去估计某件事情发生的概率。对于多分类问题，在实际应用过程中需要基于二分类的 Logistic 回归进行改进并引入 Softmax 函数，可以理解为是多个二元 Logistic 回归的组合，并将组合的结果用 Softmax 函数映射到更多类别上。

3.2.2.3　分类和回归树

分类与回归树（Classification And Regression Tree，CART）是在给定输入随机变量 X 条件下输出随机变量 Y 的条件概率分布的学习方法。CART 假设决策树是二叉树，内部结点特征的取值为"是"和"否"，左分支是取值为"是"的分支，右分支是取值为"否"的分支。这样的决策树等价于递归地二分每个特征，将输入空间即特征空间划分为有限个单元，并在这些单元上确定预测的概率分布，也就是在输入给定的条件下输出的条件概率分布。图 3-4 给出了一个 CART 示意图。

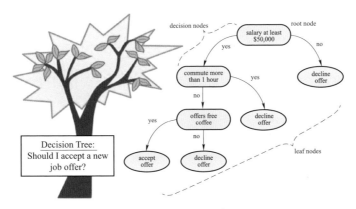

图 3-4　CART 示意图

CART 算法由以下两步组成：

（1）树的生成：基于训练数据集生成决策树，生成的决策树要尽量大。

（2）树的剪枝：用验证数据集对已生成的树进行剪枝并选择最优子树，将损失函数最小作为剪枝的标准。

决策树的生成就是通过递归地构建二叉决策树的过程，对回归树用平方误差最小化准则，对分类树用基尼指数最小化准则，进行特征选择，生成二叉树。

3.2.2.4 朴素贝叶斯

朴素贝叶斯分类是一种十分简单的分类算法，对于给出的待分类项，求解在此项出现的条件下各个类别出现的概率，哪个最大就认为此待分类项属于哪个类别。例如，在没有其他可用信息下，人们会选择条件概率最大的类别，这就是朴素贝叶斯的思想基础。朴素贝叶斯分类的步骤如下：

（1）设 $x=\{a_1, a_2, \cdots, a_m\}$ 为一个待分类项，而每个 a 为 x 的一个特征属性。

（2）有类别集合 $C=\{y_1, y_2, \cdots, y_n\}$。

（3）计算 $P(y_1|x), P(y_2|x), \cdots, P(y_n|x)$。

（4）如果 $P(y_k|x)=\max\{P(y_1|x), P(y_2|x), \cdots, P(y_n|x)\}$，则 $x \in y_k$。

其中的关键在于如何计算第 3 步中的各个条件概率，可以按照下述方法执行。

（1）找到一个已知分类的待分类项集合，这个集合叫做训练样本集。

（2）统计得到在各类别下各个特征属性的条件概率估计，即

$$P(a_1|y_1), P(a_2|y_1), \cdots, P(a_m|y_1); P(a_1|y_2), P(a_2|y_2), \cdots,$$
$$P(a_m|y_2); \cdots; P(a_1|y_n), P(a_2|y_2), \cdots, P(a_m|y_n)$$

（3）如果各个特征属性是条件独立的，则根据贝叶斯定理有如下推导

$$P(y_i \mid x) = \frac{P(x \mid y_i)P(y_i)}{P(x)} \tag{3-5}$$

因为分母对于所有类别为常数，只需要将分子最大化即可。又因为各特征属性是条件独立的，所以有

$$P(x \mid y_i)P(y_i) = P(a_1 \mid y_i)P(a_2 \mid y_i) \cdots P(a_m \mid y_i)P(y_i) = P(y_i)\prod_{i=1}^{m} P(a_j \mid y_i)$$

$$\tag{3-6}$$

根据上述分析，朴素贝叶斯分类的流程可以由图 3-5 表示。

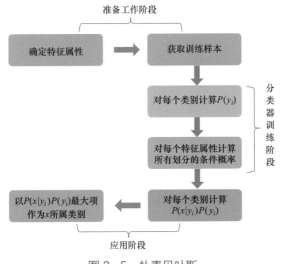

图 3-5　朴素贝叶斯

可以看到，整个朴素贝叶斯分类分为三个阶段：

（1）准备工作阶段。任务是为朴素贝叶斯分类做必要的准备，主要工作是根据具体情况确定特征属性，并对每个特征属性进行适当划分，然后由人工对一部分待分类项进行分类，形成训练样本集合。这一阶段的输入是所有待分类数据，输出是特征属性和训练样本。这一阶段是整个朴素贝叶斯分类中唯一需要人工完成的阶段，其质量对整个过程将有重要影响，分类器的质量很大程度上由特征属性、特征属性划分及训练样本质量决定。

（2）分类器训练阶段。这个阶段的任务就是生成分类器，主要工作是计算每个类别在训练样本中的出现频率及每个特征属性划分对每个类别的条件概率估计，并将结果记录。其输入是特征属性和训练样本，输出是分类器。这一阶段是机械性阶段，根据前面讨论的公式可以由程序自动计算完成。

（3）应用阶段。这个阶段的任务是使用分类器对待分类项进行分类，其输入是分类器和待分类项，输出是待分类项与类别的映射关系。这一阶段也是机械性阶段，由程序完成。

3.2.2.5　K 最近邻算法（KNN）

K-Nearest Neighbor（简称 KNN）是著名的模式识别统计学方法，在机器学习分类算法中占有相当大的地位，是最简单的机器学习算法之一。其工作思想是给定测试样本，基于某种距离度量找出训练集中与其最靠近的 k 个训练样本，然后基于这 k 个"邻居"的信息来进行预测。也就是计算一个点与样本空间所有点之间的距离，取出与该点最近的 k 个点，然后统计这 k 个点里面所属分类比例最大的（"回归"里面使用平均法），则点 A 属于该分类。

KNN 实际上利用训练数据集对特征向量空间进行划分，并作为其分类的"模型"。k 值的选择、距离度量、分类决策规则是 KNN 的三个基本要素。KNN 算法的计算步骤如下：

（1）算距离。给定测试对象，计算它与训练集中的每个对象的距离，例如采用欧式距离或曼哈顿距离等。

（2）找邻居。圈定距离最近的 k 个训练对象，作为测试对象的近邻。

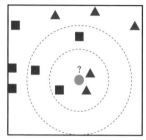

（3）做分类。根据这 k 个近邻归属的主要类别来对测试对象分类，例如采用投票法或加权投票法。

以图 3-6 所示为例，图中的绿色圆要被决定赋予哪个类，是红色三角形还是蓝色四方形？如果 $K=3$，由于红色三角形所占比例为 2/3，绿色圆将被赋予红色三角形那个类；如果 $K=5$，由于蓝色四方形比例为 3/5，因此绿色圆被赋予蓝色四方形类。

图 3-6　KNN 算法原理示意

3.2.2.6　Apriori

关联规则学习（Association Rule Learning）是一种在大型数据库中发现变量之间的有趣性关系的方法。它的目的是利用一些有趣性的量度来识别数据库中发现的强规则。Apriori 算法是最早的关联规则挖掘算法，其核心思想是对目标事务库采用逐层迭代搜索的方式进行挖掘 k 阶频繁项目集，直至找到最高阶的频繁项目集即止，最后通过获得的频繁项目集进行关联规则挖掘，从而实现挖掘目标数据间关联关系的最终目标。

Apriori 算法的主要策略是根据预先设定的最小支持度获取目标事务库中的全部频繁项目集，再根据频繁项目集快速获取出关联规则，详细的挖掘步骤如下：

（1）首次遍历目标事务库，找出 1 阶频繁项集 L_1。

（2）将 L_k-1（$k \geqslant 2$）采用自身连接生成 k 阶候选项目集 C_k。

（3）根据频繁项目集的任一子集全部都为频繁项目集，可以对 k 阶候选项目集 C_k 进行剪枝，假设 C_k-1 是 C_k 的任意一个（$k-1$）阶子集，若 $C_k-1 \notin L_k-1$，则 $C_k \notin L_k$，则该候选项目集肯定不是频繁的，可以直接将该候选项目集进行删除。

（4）循环（2）、（3），直至不能得到更高阶的频繁项目集为止，在得出的所有频繁项目集中计算出满足要求的关联规则，挖掘过程结束。

为了更直观地说明 Apriori 算法的挖掘步骤，将给出一个具体事例，简单起见，假设事务库 D 有 5 条记录，具体内容见表 3-3，以及最小支持度为 2。

表 3-3　　　　　　　　　　　　目标事务库 D 的内容列表

Tid	Item sets
1	a, c, g, f
2	e, a, c, b
3	e, c, b, i
4	b, f, h
5	b, f, e, c, d

根据最小支持度的取值，对目标事务库中的全部事务进行遍历，可以找出所有的 1 阶频繁项集 $L_1 = \{a: 2, b: 4, c: 4, e: 3, f: 3\}$；将 L_1 进行自身连接，生成所有的 2 阶候选项集 $C_2 = \{bc, be, bf, ba, ce, cf, ca, ef, ea, fa\}$，再对目标事务库进行遍历和扫描计算出所有 2 阶候选项目集的频度，通过比较获取出所有的 2 阶频繁项集 $L_2 = \{bc: 3, ce: 3, be: 3, bf: 2, cf: 2, ca: 2\}$；将 L_2 进行自连接，生成所有的 3 阶候选项集 $C_3 = \{bce, bcf, bca, cef, cea, bef, cfa\}$，再一次对事务库进行扫描计算所有的 3 阶候选项集的频度，得出 3 阶频繁项集为 $L_3 = \{bce: 3\}$，挖掘结束；上述的挖掘过程如图 3-7 所示。

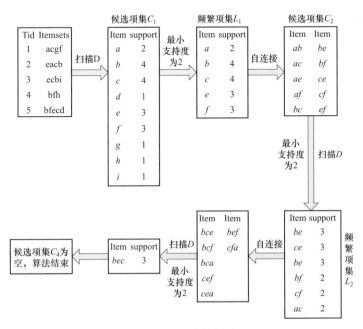

图 3-7　频繁项集挖掘流程图

3.2.2.7　K-均值

K-均值算法是聚类算法中比较简单的一种基础算法,是公认的十大数据挖掘算法之一。它是基于划分的聚类算法,计算样本点与类簇质心的距离,与类簇质心相近的样本点划分为同一类簇。

K-均值中样本间的相似度是由它们之间的距离决定的,距离越近,说明相似度越高;反之,则说明相似度越低。通常用距离的倒数表示相似度的值,其中常见的距离计算方法有欧氏距离和曼哈顿距离。

K-均值算法聚类步骤如下:

(1)首先选取 k 个类族(k 需要用户指定)的质心,通常是随机选取。

(2)对剩余的每个样本点,计算它们到各个质心的欧氏距离,并将其归入到相互间距离最小的质心所在的簇。计算各个新簇的质心。

(3)在所有样本点都划分完毕后,根据划分情况重新计算各个簇的质心所在位置,然后迭代计算各个样本点到各簇质心的距离,对所有样本点重新进行划分。

(4)重复上述两步骤,知道迭代计算后,所有样本点的划分情况保持不变,此时说明 K-均值算法已经得到了最优解,将运行结果返回。

算法的运行过程如图 3-8 所示。

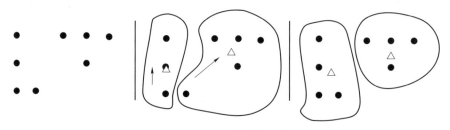

图 3-8　K-均值算法示意图

3.2.2.8　主成分分析(PCA)

主成分分析(Principal Component Analysis,PCA)是最常用的线性降维方法,它的目标是通过某种线性投影,将高维的数据映射到低维的空间中,并期望在所投影的维度上数据的方差最大,以此使用较少的维度,同时保留较多的原始数据的维度。

主成分分析的降维是指经过正交变换后形成新的特征集合,然后从中选择比较重要的一部分子特征集合,从而实现降维。这种方式并非是在原始特征中选择,最大程度保留了原有的样本特征。设有 m 条 n 维数据,PCA 的一般步骤如下。

（1）将原始数据按列组成 n 行 m 列矩阵 X。

（2）计算矩阵 X 中每个特征属性（n 维）的平均向量 M（平均值）。

（3）将 X 的每一行（代表一个属性字段）进行零均值化，即减去 M。

（4）按照公式 $C=(1/m)(XXT)$ 求出协方差矩阵。

（5）求出协方差矩阵的特征值及对应的特征向量。

（6）将特征向量按照对应特征值从大到小按行排列成矩阵，取前 k （$k<n$）行组成基向量 P。

（7）通过 $Y=PX$ 计算降维到 k 维后的样本特征。

PCA 算法目标是求出样本数据的协方差矩阵的特征值和特征向量，而协方差矩阵的特征向量方向就是 PCA 需要投影的方向。使样本数据向低维投影后，就可能表征原始的数据。协方差矩阵可以用散布矩阵代替，协方差矩阵乘以（$n-1$）就是散布矩阵，n 为样本的数量。协方差矩阵和散布矩阵都是对称矩阵，主对角线是各个随机变量（各个维度）的方差。

3.2.2.9　装袋法

集成学习（Ensemble Learning）是机器学习中近年来的一大热门领域，其中的集成方法（Ensemble Methods）是用多种学习方法的组合来获取比原方法更优的结果。图 3-9 为通用的集成学习过程。

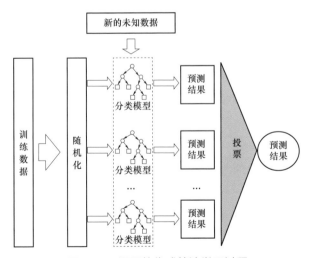

图 3-9　通用的集成算法学习过程

装袋法（Bagging）又称为引导聚集算法（Bootstrap Aggregating），其原理是通过组合多个训练集的分类结果来提升分类效果。

假设有一个大小为 n 的训练样本集 S，装袋法从样本集 S 中多次放回采样取出大小为 n'（$n'<n$）的 m 个训练集，对于每个训练集 S_i，均选择特定的学习算法（应用在决策树分类中即为 CART 算法的决策树算法），建立分类模型。对于新的测试样本，所建立的 m 个分类模型将返回 m 个预测分类结果，装袋法构建的模型最终返回的结果将是这 m 个预测结果中占多数的分类结果，即投票（vote）中的多数表决。而对于回归问题，装袋法将采取平均值的方法得出最终结果。

装袋法由于多次采样，每个样本被选中的概率相同，因此噪声数据的影响下降，所以不容易收到过拟合的影响。

3.2.2.10　提升法

提升法（Boosting）与装袋法相比每次的训练样本均为同一组，并且引入了权重的概念，给每个单独的训练样本都会分配一个相同的初始权重。然后进行 T 轮训练，每一轮中使用一个分类方法训练出一个分类模型，使用此分类模型对所有样本进行分类并更新所有样本的权重：分类正确的样本权重降低，分类错误的样本权重增加，从而达到更改样本分布的目的。由此可知，每一轮训练后都会生成一个分类模型，而每次生成的这个分类模型都会更加注意之前分类错误的样本，从而提高样本分类的准确率。对于新的样本，将 T 轮训练出的 T 个分类模型得出的预测结果加权平均，即可得出最终的预测结果。

在提升法中，有两个主要问题需要解决：一是如何在每轮算法结束之后根据分类情况更新样本的权重；二是如何组合每一轮算法产生的分类模型得出预测结果。根据解决这两个问题时使用的不同方法，提升法有着多种算法实现。以具有代表性的 AdaBoost（Adaptive Boosting）算法为例介绍提升法的实现过程。

假设训练样本集共有 n 个样本，AdaBoost 以每一轮模型的错误率作为权重指标，结合样本分类是否正确来更新各样本的权重；在组合每一轮分类模型的结果时，同样根据每个模型的权重指标进行加权计算。假设 T 为最大训练迭代次数，每次迭代生成的弱分类器用 $h(x)$ 表示，具体算法思路如下：

（1）首先，对于训练样本集中的第 i 个样本，将其权重设置为 $1/n$。

（2）在第 j 轮的过程中，产生的加权分类错误率为 ε_j，若 ε_j 大于 0.5，表示此分器错误率大于 50%，分类性能比随机分类还要差，返回上一步。

（3）计算模型重要性，计算公式如下

$$\alpha_j = \frac{1}{2}\ln\frac{1-\varepsilon_j}{\varepsilon_j} \tag{3-7}$$

（4）调整样本权重，对于每个样本，若分类正确，则

$$w(j+1) = \begin{cases} \dfrac{w(j)\times e^{-\alpha_j}}{Z_j}, & \text{分类正确} \\[2mm] \dfrac{w(j)\times e^{\alpha_j}}{Z_j}, & \text{分类错误} \end{cases} \tag{3-8}$$

式中 Z_j——确保所有权重加和为 1 的归一化因子。

（5）经过一共 T 轮模型构建，最终分类模型为

$$H(x) = \text{sign}\left(\sum_{j=1}^{T}\alpha_j h_j(x)\right) \tag{3-9}$$

式中 $h_j(x)$——第 j 次迭代产生的弱分类器。

依靠这样的分类过程，AdaBoost 算法能够有效关注到每一轮分类错误的样本，每一轮迭代生成一个弱分类模型，其准确性越高，在最终分类模型中所占的权重就越高，使最终分类结果的准确性与弱分类器相比，效果得到很大提升。

3.2.3 机器学习一般流程

机器学习的一般流程包括确定分析目标、收集数据、整理数据、预处理数据、训练模型、评估模型、优化模型、上线部署等步骤，如图 3-10 所示。首先要从业务的角度分析，然后提取相关的数据进行探查，发现其中的问题，再依据各算法的特点选择合适的模型进行实验验证，评估各模型的结果，最终选择合适的模型进行应用。

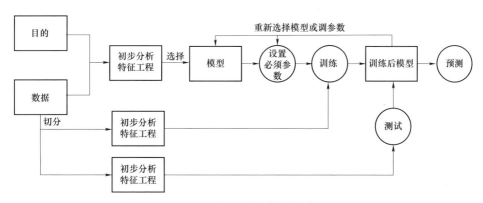

图 3-10 机器学习的一般流程

3.2.3.1 定义分析目标

应用机器学习解决实际问题，首先要明确目标任务，这是机器学习算法选择的关键。明确要解决的问题和业务需求，才可能基于现有数据设计或选择算法。例如，在监督式学习中对定性问题可用分类算法，对定量分析可用回归算法。在无监督式学习中，如果有样本细分则可应用聚类算法，如需要找出各数据项之间的内在联系，可应用关联分析。

3.2.3.2 收集数据

数据决定了机器学习的上界，而模型和算法只是逼近这个上界，数据对于整个机器学习项目至关重要。通常，面对一个具体的领域问题或分析目标，可优先考虑使用网上一些具有代表性的、大众常用的公开数据集进行分析。相较于自己整理的数据集，显然大众的数据集更具有代表性，数据处理的结果也更容易得到大家的认可。此外，大众的数据集在数据过拟合、数据偏差、数值缺失等问题上也会处理得更好。但如果并无现成的数据集可供分析，则利用收集的原始数据，再进行加工和整理。

用于分析的数据需要有代表性，并尽量覆盖领域，否则容易出现过拟合或欠拟合。对于分类问题，如果样本数据不平衡，不同类别的样本数据比例过大，都会影响模型的准确性；还要对数据的量级进行评估，包括样本量和特征数。可以估算出数据以及分析对内存的消耗，判断训练过程中内存是否过大，否则需要改进算法或使用一些降维技术，或者使用分布式机器学习技术。

3.2.3.3 整理预处理与特征工程

获得数据以后不必急于创建模型，可先对数据进行一些探索，了解数据的大致结构、数据的统计信息、数据噪声以及数据分布等。在此过程中，为了更好地查看数据情况，可使用数据可视化方法或数据质量评价对数据质量进行评估。

数据探索过程中可能发现如缺失数据、数据不规范、数据分布不均衡、数据异常、数据冗余等问题，这些问题均会影响数据质量，对这些问题的处理被称为数据预处理。经过预处理后的数据规范了很多，可以进行下一步数据的"特征工程"。这一步主要对数据集做特征的提取、数据的降维等方面的处理。应用特征选择方法，可以从数据中提取出合适的特征，并将其应用于模型中得到较好的结果。筛选出显著特征需要理解业务，并对数据进行分析。特征选择是否合适，往往会直接影响模型的结果，对于好的特征，使用简单的算法也能得出良好、稳定的结果。特征选择时可应用特征有效性分析技术，如相关系数、卡方检验、平均互信息、条件熵、后验概率和逻辑回归权重等方法。

数据预处理和特征工程是机器学习的基础必备步骤，特别是在生产环境中的机器学习，数据往往是原始、未加工和处理过的，数据预处理常占据整个机器学习过程的大部分时间。归一化、离散化、缺失值处理、去除共线性等，是机器学习常用的预处理方法。

3.2.3.4　数据集分割

训练模型前，还需要对数据集进行分割。一般需要将样本分成独立的三部分：训练集（Train Set），验证集（Validation Set）和测试集（Test Set）。其中训练集用来估计模型，验证集用来调整模型参数从而得到最优模型，而测试集则检验最优的模型的性能如何。一种典型的划分是训练集占总样本的 50%，而其他各占 25%，三部分都是从样本中随机抽取。然而，当样本量少的时候，上面的划分就不合适了。常用的做法是留少部分做测试集，然后对其余 N 个样本采用 K 折交叉验证法，即将样本打乱后均匀分成 K 份，轮流选择其中 $K-1$ 份训练，剩余的一份做验证，计算预测误差平方和，最后把 K 次的预测误差平方和再做平均，作为选择最优模型结构的依据。另外，在深度学习中，由于数据量本身很大，而且训练神经网络需要的数据很多，可以把更多的数据分给 training，而相应减少 validation 和 test。

3.2.3.5　模型选择与训练

处理好数据之后，就可以选择合适的机器学习模型进行数据的训练。可供选择的机器学习模型有很多，每个模型都有自己的适用场景。首先对处理好的数据进行分析，判断训练数据有没有类标，若是有类标则应该考虑监督学习的模型，否则可以划分为非监督学习问题。其次分析问题的类型是属于分类问题还是回归问题，当确定好问题的类型之后再去选择具体的模型。

模型本身并没有优劣，在模型选择时一般不存在对任何情况都表现很好的算法，因此在实际选择时一般会用几种不同方法来进行模型训练，然后比较它们的性能，从中选择最优的一个，不同的模型使用不同的性能衡量指标。此外，还应该考虑数据集的大小，若是数据集样本较少，训练的时间较短，通常考虑朴素贝叶斯等一些轻量级的算法，否则考虑 SVM 等一些重量级算法。

选好模型后是调优问题，可以采用交差验证，观察损失曲线，测试结果曲线等分析原因，调节参数如优化器、学习率、batchsize 等。此外还可以尝试多模型融合来提高效果。在这一步中，如果对算法原理理解不够透彻，往往无法快速定位能决定模型优劣的模型参数，所以在训练过程中，对机器学习算法原理的要求较高，理解越深入，就越容易发现问题的原因，从而确定合理的调优方案。

3.2.3.6　模型评价

模型选择是在某个模型类中选择最好的模型，而模型评价则是对这个最好的模型进行评价。模型评价阶段不做参数调整而仅是客观地评价模型的预测能力以及对新数据的泛化能力。可以根据分类、回归等不同关心的问题来选择不同的评价指标。例如分类问题的常用评价指标包括混淆矩阵、准确率、对数损失函数、ROC 曲线下的面积、PR 曲线等，而回归问题的常用评价指标则包括平方根误差（RMSE）、平均绝对误差（MAE）、平均平方误差（MSE）、解释变异以及决定系数（Coefficient of Determination，又称 R2）等。

如果测试结果不理想，则分析原因并进行模型优化，如采用手工调节参数等方法。如果出现过拟合，特别是在回归问题中，则可以考虑正则化方法来降低模型的泛化误差。可以对模型进行诊断以确定模型调优的方向与思路，过拟合、欠拟合判断是模型诊断中重要的一步。常见的方法有交叉验证、绘制学习曲线等。过拟合的基本调优思路是增加数据量，降低模型复杂度。欠拟合的基本调优思路是提高特征数量和质量，增加模型复杂度。

3.2.3.7　模型应用

模型应用主要与工程实现的相关性比较大。工程上是结果导向，模型在线上运行的效果直接决定模型的好坏，不单纯包括其准确程度、误差等情况，还包括其运行的速度（时间复杂度）、资源消耗程度（空间复杂度）、稳定性是否可接受等方面。

≫ 3.3　知　识　图　谱 ≪

知识图谱是用节点和关系所组成的图谱，为真实世界的各个场景直观地建模。通过不同知识的关联性形成一个网状的知识结构。形成知识图谱的过程本质是建立认知、理解世界、理解应用的行业或领域。每个人有自己的知识面或知识结构，本质就是不同的知识图谱。正是因为有获取和形成知识的能力，人类才可以不断进步。

知识图谱对于人工智能的重要价值在于，知识是人工智能的基石。机器可以模仿人类的视觉、听觉等感知能力，但这种感知能力不是人类的专属，动物也具备感知能力，甚至某些感知能力比人类更强，比如：狗的嗅觉。而认知语言是人区别于其他动物的能力。同时，知识也使人不断地凝练、传承知识，是推动人类科技进步的重要基础。构建知识图谱过程的本质，就是让机器形成认知能力，模仿人类去理解这个世界。

变电站主设备种类繁多，又有各种规章制度、导则、标准，知识图谱技术在整合变电站各类信息，辅助运维检修人员更好地了解设备运行状态。

3.3.1　什么是知识图谱

计算机擅长处理结构化数据，然而互联网中大量的信息以非结构化的形式存储和传播，为了让计算机能够处理这些信息，需要理解这些非结构化形式数据蕴含的语义，分析其中的语义单元之间的关系，从而将其转换成结构化形式。图是一种能够有效表示数据之间结构的表达形式，因此，人们考虑把数据中蕴含的知识用图的结构进行形式化表示。数据的结构化并和已有的结构化数据进行关联，就构成了知识图谱。

知识图谱对于知识服务有重要的支撑作用，能够将传统基于浅层语义分析的信息服务范式提升到基于深层语义的知识服务，以图的形式呈现，用以描述现实世界中的实体、概念及二者的内在联系，是实现智能搜索、语音问答的技术基础。近年来，学术界和工业界给予知识图谱高度关注，将其作为新一代人工智能的基础设施，也是当前人工智能的热门技术之一。知识图谱目前已被广泛应用于医疗、金融、教育、旅游、农业、人力资源管理等领域，在电力领域也逐渐发挥出其巨大的潜力。

按照 Wikipedia 的描述，知识图谱是 Google 公司用来支持从语义角度组织网络数据、提供智能搜索服务的知识库，是一种比较通用的语义知识的形式化描述框架，它用节点表示语义符号，用边表示符号之间的语义关系，如图 3-11 所示。在计算机世界，节点和边的符号通过"符号具化（Symbol Grounding）"表征物理世界和认知世界中的对象，并作为不同个体对认知世界中信息和知识进行描述和交换的桥梁，这种使用统一形式描述的知识框架便于知识的分享与利用。

对知识和结构化数据的表示和存储具有不同的技术路线，最典型的包括本体（Ontology）和数据库（Database）两类。

本体是通过对象类型、属性类型以及关系类型对领域知识进行形式化描述的模型。本体强调抽象的概念表示（例如不同类型的设备之间有什么类型的语义关系），而不关注具体的个体信息（例如某设备属于什么类型、这台设备与另一台设备之间是什么关系）。因此，本体只对数据的定义进行描述，而不描述其具体实例数据。

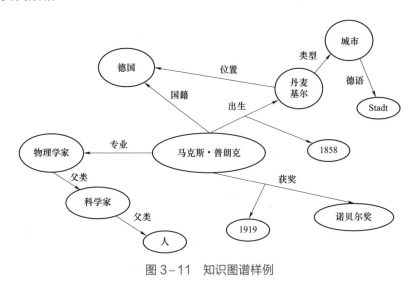

图 3-11　知识图谱样例

　　数据库是为了用计算机和存储计算机应用中需要的数据而设计开发的产品。尽管有不同类型的数据库（如关系数据库、面向对象数据库、非关系型数据库等），但一般主要用于存储数据，这些数据可以进行传递和交换。但是，对于数据的描述和定义，在传递和交换过程中会假定参与方都已经明白和理解，例如在使用数据库中的设备信息表进行信息管理系统开发时会假定开发者对数据结构（设备有什么属性、属性的数据类型是什么，是不是主键、对应的外键是什么等）了如指掌。实际上，人工智能应用中不仅需要具体的知识实例数据，数据的描述和定义也非常关键，例如概念上下位知识（"大熊猫"是一种"熊科动物"）、属性之间的关系（"子女"与"父母"是逆关系），属性的约束（一个"人"的"父母"只有"2 个"）等。知识图谱用统一的形式对知识实例数据的定义和具体知识数据进行描述，各个具体实例数据只有在满足系统约定的"框架"约束下运用才能体现为"知识"，其中框架就是对知识的描述和定义，知识框架和实例数据共同构成一个完整的知识系统。

　　总之，在约定的框架下，对数据进行结构化，并与已有结构化数据进行关联，就形成了知识图谱。为了将其付诸实现，知识图谱往往需要将自身的框架结构映射到某种数据库系统所支持的框架定义上。所以，知识是认知，图谱是载体，数据库是实现，知识图谱就是在数据库系统上利用图谱这种抽象载体表示知识这种认知内容，如图 3-12 所示。

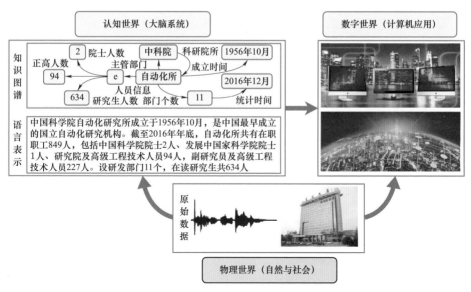

图 3-12　知识载体示例

3.3.2　知识图谱类型

根据知识的领域和用途，可将当前已有知识图谱类型大致分为语言知识图谱、语言认知图谱、常识知识图谱、领域知识图谱以及百科知识图谱等几个类别。

语言知识图谱主要存储人类语言方面的知识，其中比较典型的是英文词汇知识图谱 WordNet，它由同义词集和描述同义词集之间的关系构成。中文知网词库 HowNet 是一种典型的语言认知知识图谱，HowNet 致力于及描述认知世界中人们对词语概念的理解，基于词语义原揭示词语的更小语义单元的含义。常识知识图谱主要由 Cyc 和 ConceptNet 等。其中 Cyc 由大量实体和关系以及支持推理的常识规则构成；ConcetoNet 由大量概念以及描述它们之间关系的常识构成。领域知识图谱是针对特定领域构建的知识图谱，专门为特定的领域服务，例如医学知识图谱 SIDER（Side Effect Resource）、电影知识图谱 IMDB（Internet Movie Database）、音乐知识图谱 MusicBrainz 等，这些知识图谱在各自的领域都有着广泛的应用。百科知识图谱主要以 LOD（linked Open Data）项目支持的开放知识图谱为核心，主要有 Freebase、DBpedia、YAGO 和 Wikidata 等，它们在信息检索、问答系统等任务中有着重要应用。

传统的构建知识图谱的方法主要基于专家知识，例如 Cyc、WordNet、HowNet 等。这些知识图谱无论是覆盖领域还是知识规模都难以达到实用的程度。得益于网络上存在的大量高质量用户生成内容，如 Wikipedia、垂直站点豆瓣电影等，基于这些众包数据，研究者们构建了 DBpedia、Freebase 和 YAGO 等知识图谱。同时，随着机器学习技术的发展，许多自动构建知识图谱的技术也发展起来，极大地提升了知识图谱的规模并拓宽了覆盖的知识领域，代表性的知识图谱有 WOE、ReVerb、NELL 和 Knowledge Vault 等。整个知识图谱的构建经历了由人工和群体智慧构建到面向互联网利用机器学习和信息抽取技术自动获取的过程。目前，这些知识图谱的覆盖范围在不断扩大，其包含的知识规模也在不断增长，其中大部分数据都可免费获取。

3.3.3　知识图谱构建过程

在构建和应用知识图谱过程中有几个重要环节，主要包括知识体系构建、知识获取、知识融合、知识存储、知识推理和知识应用等，下面进行简要介绍。

3.3.3.1　知识体系构建

知识体系构建，也称知识建模，是指采用什么样的方式表达知识，其核心是构建一个本体对目标知识进行描述。在这个本体中需要定义出知识的类别体系、每个类别下所属的概念和实体、某类概念和实体所具有的属性以及概念之间、实体之间的语义关系，同时也包括定义在这个本体上的一些推理规则。

知识图谱是随着语义网的发展而出现的概念，语义网的核心是让计算机能够理解文档中的数据，以及数据和数据之间的语义关联关系，从而使得计算机可以更加自动化、智能化地处理这些信息。资源描述框架（RDF）是语义网的关键技术之一，也是知识图谱数据建模的核心概念。RDF 基本数据模型包括三个对象类型：资源（Resource）、谓词（Predicate）及陈述（Statements）。

（1）资源：能够使用 RDF 表示的对象称之为资源，包括互联网上的实体、事件和概念等。

（2）谓词：谓词主要描述资源本生的特征和资源之间的关系。每一个谓词可以定义元知识，例如，谓词的头尾部数据值的类型（如定义域和值域）、谓词与其他谓词的关系（如逆关系）。

（3）陈述：一条陈述包含三个部分，通常称之为 RDF 三元组＜主体（subject）、谓词（predicate）、宾语（object）＞。其中主体是被描述的资源，谓词可以表示主体额的属性，也可以表示主体和宾语之间的关系。当表述属性时，宾语就是属性；当表示关系式时，宾语也是一个资源。

目前，知识图谱中的数据也采用 RDF 数据模型进行描述。在知识图谱中，上述的"资源"称为实体或者实体的属性值，"谓词"称为关系或者属性，"陈述"指的是 RDF 三元组，一个三元组描述的是两个实体之间的关系，或者一个实体的属性。如三元组"首都（中国，北京）"，其中"首都"是关系，"中国"是头实体，"北京"是尾实体；而在三元组"国籍（张三，中国）"中，"国籍"表示属性，"张三"表示头实体，"中国"表示属性值。

3.3.3.2　知识获取

知识获取的目标是从海量的文本数据中通过信息抽取的方式获取知识，其方法根据所处数据源的不同而不同。知识图谱中数据的主要来源有各种形式的结构化数据、半结构化数据和非结构化文本数据（纯文本），如图 3-13 所示。从结构化和半结构化的数据源中抽取知识是工业界常用的技术手段，这些数据源的信息抽取方法相对简单，而且数据噪声少，经过人工过滤后能够得到高质量的结构化三元组。非结构化文本数据指的是纯文本，即自然语言文本数据。

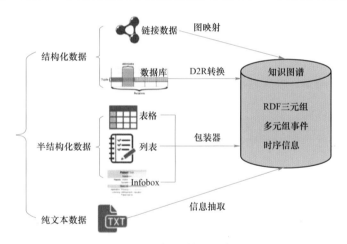

图 3-13　知识获取示意图

当前互联网上大多数的信息都以非结构化文本的形式存储，相比结构化和半结构化数据，非结构化文本数据要丰富很多。非结构化文本的信息抽取能够为知识图谱提供大量较高质量的三元组事实，是构建知识图谱的核心技术。如何从纯文本数据中进行知识获取，受到工业界和学术界的广泛关注，这一任务被称为文本信息抽取，即在非结构化文本中实体的识别和实体之间关系的抽取，它涉及自然语言分析和处理技术，难度较大。

由于目前的知识表示大多以实体关系三元组为主，因此，信息抽取包括如下基本任务：实体识别、实体消歧、关系抽取以及事件抽取等。这一过程需要自然语言处理技术的支撑，由于自然语言表达方式变化多样，给信息抽取带来巨大挑战，目前主流的方法是基于统计机器学习的方法。

3.3.3.3 知识融合

知识融合是对不同来源、不同语言或不同结构的知识进行融合，从而对已有知识图谱进行补充、更新和去重。例如，YAGO 是对专家构建的高质量语言知识图谱 WordNet 和网民协同构建的大规模实体知识图谱 Wikipedia 进行融合而成的，从而实现质量和数量的互补；BabelNet 融合不同语言的知识图谱，实现跨语言的知识关联共享。

从融合的对象看，知识融合包括知识体系的融合和实例的融合。知识体系的融合就是两个或多个异构知识体系进行融合，相同的类别、属性、关系进行映射。而实例级别的融合是对两个不同知识图谱中的实例（实体实例、关系实例）进行融合，包括不同知识体系下的实例、不同语言的实例。知识融合的核心是计算两个知识图谱中两个节点或边之间的语义映射关系。从融合的知识图谱类型来看，知识融合可以分为：竖直方向的融合和水平方向的融合，前者是指融合（较）高层通用本体与（较）底层领域本体或实例数据，后者是指融合同层次的知识图谱，实现实例数据的互补。

3.3.3.4 知识存储

知识存储就是研究采用何种方式将已有知识图谱进行存储。因为目前知识图谱大多是基于图的数据结构，其存储方式主要有两种形式：RDF 格式存储和图数据库（Gragh Database）。RDF 格式存储就是以三元组的形式存储数据，如 Google 开放的 Freebase 知识图谱，就是以文本的形式逐行存储三元组 SPO（Subject，Predicate，Object），但是这种存储方式使得三元组的搜索效率低下，为了提升三元组的搜索效率，通常采用六重索引的方法。图数据库方法比 RDF 数据库更加通用，目前典型的开源图数据库是 Neo4j，这种图数据库的优点是具有完善的图查询语言，支持大多数的图挖掘算法，它的缺点是数据更新慢，大节点的处理开销大。为了解决上述问题，目前图数据库的研究热点是子图筛选、子图同构判定等技术。

3.3.3.5 知识推理

通过知识建模、知识获取和知识融合，人们基本可以构建一个可用的知识图谱。但是由于处理数据的不完备性，所构建的知识图谱中肯定存在知识缺失现象（包括实体缺失、关系缺失）。由于数据的稀疏性，人们也很难利用抽取或者融合的方法对缺失的知识进行补齐。因此，需要采用推理的手段发现已有知识中隐含的知识。目前知识推理的研究主要集中在针对知识图谱中缺失关系的补足，即挖掘两个实体之间隐含的语义关系。所采用的方法可以分为两种：① 基于传统逻辑规则的方法进行推理，其研究热点在于如何自动学习推理规则，以及如何解决推理过程中的规则冲突问题；② 基于表示学习的推理，即采用学习的方式，将传统推理过程转化为基于分布式表示的语义向量相似度计算任务。这类方法的优点是容错率高、可学习，缺点也显而易见，即不可解释、缺乏语义约束。

当然，知识推理不仅仅能够应用于已有知识图谱的补全，也可以直接应用于相关应用任务，例如自动问答系统中往往也需要知识推理。关键问题在于如何将问题映射到知识图谱所支撑的结构表示中，在此基础上才能利用知识图谱中的上下文语义约束以及已有的推理规则，并结合常识等相关知识，得到正确的答案。

3.3.4　知识图谱的应用

知识图谱技术提供从"关系"的角度分析问题的能力，可以对数据进行深度挖掘，将自然语言转化为计算机语言，最大限度地展示数据的价值，让网络具备基础的认知思维，能够类似于人一样去思考问题，大大提高了网络的智能化水平。可以服务于智能搜索、智能推荐、智能运营、智能客服、舆情监测、设备风险预警等业务，大幅提高企业生产效率，以下列举几个典型的应用场景。

3.3.4.1　智能搜索

搜索引擎是用户获取信息的最重要入口，但传统的搜索引擎只能根据关键词罗列出很多个候选结果，用户需要再次筛选判断才能找出想要的答案。融合了知识图谱等人工智能技术的智能搜索引擎，可以更好地理解用户需求，给用户更直接的答案，并以更便捷、更友好的方式呈现。

例如，用户用自然语言搜索"飞得最高的鸟"，智能搜索引擎能够理解用户的意图，并结合知识图谱以图文并茂的形式把标准答案"黑白兀鹫"呈现给用户。智能搜索引擎还可以根据已有知识进行计算和推理。例如，它可以根据"打火机不可以带上飞机""Zippo 是打火机"这两个知识，推断出 Zippo 不可以带上飞机。当用户输入"Zippo 能不能带上飞机"时，智能搜索引擎就可以直接反馈推断结果，告诉用户"Zippo 不能带上飞机"。基于知识图谱丰富的属性和关系，搜索引擎可以自动判断用户想要触及的"知识点"，进而给出用户最想要的答案，同时主动激发和满足用户的潜在需求。例如，搜索热门电视剧，搜索结果不仅聚合了影视内容简介、在线播放源等影片相关信息，还能根据对用户需求的预判，提供演员表及演员简介、演员其他影视作品等更多信息。

3.3.4.2　智能问答

智能问答是信息检索系统的高级形式，它降低了人机交互的门槛，非常适合成为互联网的新入口。早期的搜索引擎无法直接给出问题的答案，只是根据关键字将相关网页返给用户，用户再根据自己的需求去寻找答案。智能问答系统通过知识图谱，具有类似于人的认知思维，可以真正明白用户的意图，直接给出用户想要的答案。目前很多问答平台引入了知识图谱，典型的应用有苹果的 Siri。

3.3.4.3　智能推荐

智能推荐是目前知识图谱应用的热门领域之一，它可以以知识图谱为基础，为用户构建相关场景，并向用户提供最合适的推荐。电商领域的智能推荐最为常用，例如利用知识图谱构建电商平台的产品库。如果用户要查询某个产品的信息时，只需输入关键词，以知识图谱为基础的智能推荐就会向用户输出产品相关的信息。在用户购买完一个商品时，智能推荐还可以通过知识图谱判断用户的购物需求及购物场景，向用户提供其他配套产品的信息，这也是知识图谱在电商领域的主要用途之一。

2013 年，Facebook 作为全球最大的社交网络之一，推出基于知识图谱的全新产品 Graph Search。它利用知识图谱将社交网络中的重要元素人、地点、时间、事情等联系起来，形成巨大的社交关系图谱，帮助用户快速准确地找出密切相关的人选，这个应用就是最典型的智能推荐。

3.3.4.4　在电力行业的应用

近年来，知识图谱在电力行业的设备监控告警、缺陷记录检索、质量综合管理、电力调度以及客服数据辅助分析等方面得到了初步应用。

为实现对 SCADA（数据采集与监控）系统海量告警信息的智能化辨识和分析，可以采用面向电力设备监控告警信息故障诊断辅助决策的知识图谱构建方法，如图 3-14 所示。在构建电网设备知识图谱的基础上，将基于改进 BM（Boyer-Moore）算法的语义分析技术与结线分析方法相结合，对告警信息进行智能化字符解析，形成可供决策系统辨识的结构化知识网络；利用推理引擎查询匹配的知识路径，进行告警信息判断和分析。通过某 110kV 线路故障跳闸案例分析表明，该方法实现了基于知识图谱的故障告警信息解析判别和智能辅助决策，为设备监控人员故障快速处理提供了参考，如图 3-15 所示。

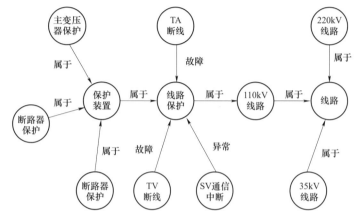

图 3-14 故障告警信息逻辑图谱

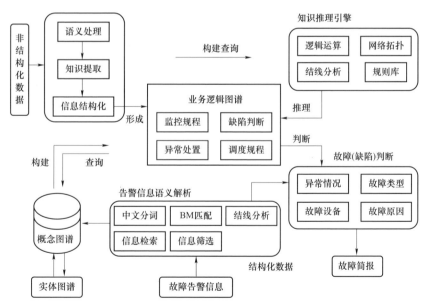

图 3-15 基于知识图谱的设备故障诊断流程

针对传统的电力设备质量管理系统通常采用的关系型数据库面临着数据检索查询效率低下、储存空间需求较大等问题，研究人员提出了一种基于图数据库和知识图谱的电力设备质量综合管理系统。根据图数据库的数据存储和遍历机理，结合电力设备质量评价需求，设计了自顶向下的领域知识图谱模型，实现多源异构数据在图数据库中的高效存储；通过研究知识图谱中统计和基于规则的知识推理算法，设计设备、厂家、变电站/线路、电力公司、质量事件等多重关联关系的高效分析查询方法，实现疑似家族性缺陷分析、设备批次故障/缺陷时间分布等分析。该系统通过采用图数据库的方式，能够将电力设备的质量信息通过图的形式存储起来，更加符合电力系统拓扑结构形式。

已实现的系统能够支持设备质量的追溯、家族性缺陷的分析和故障的时序分析。通过构建该系统，可以扩展电力设备的采购、运行、维护到制造、物流等环节，形成完整的全生命周期管理链条，为未来智慧供应链奠定基础，如图 3-16 所示。通过有效组织该链条中的各类数据，系统外的设备及部件的生产、制造、物流信息，以及相关企业的开放性社交网络信息，可以充分挖掘影响电力设备质量和成本的潜在知识关联关系，提供合理准确的质量评估，形成地域性气候、自然灾害、负荷大幅波动等特殊运行环境下的设备定制化标准，延长设备的使用寿命，降低检修次数，实现成本最优化；此外，通过引入全面有效的推理评价机制，可以实现对制造商和供应商的信用画像及其产品的家族性缺陷等分析，形成准确、合理的制造商和供应商评价结果，提升电力设备的采购和制造水平。

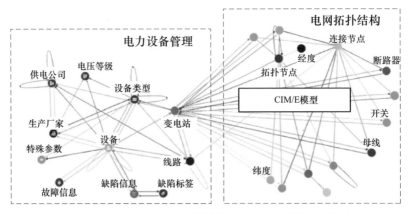

图 3-16　基于设备的图数据库 Schema 的构建设计图

基于知识图谱技术可以开展数据资产管理设计的应用研究，运用知识图谱技术，构建数据资产地图管理模型，提供丰富的业务视图、数据视图的溯源与可视化展现，以微服务的架构发布数据资产目录，提高数据资产管理能力，让用户能灵活定制业务应用场景和追溯业务应用源数据、源功能、源系统，持续挖掘数据价值，如图 3-17 所示。

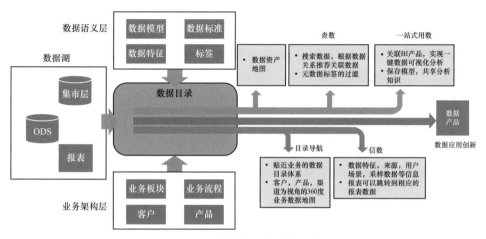

图 3-17　数据资产管理整体方案

▶ 3.4　自 然 语 言 处 理 ◀

3.4.1　概述

自然语言是随着人类社会发展自然而然演变形成的语言，日常生活中常使用到的汉语、英语、法语、日语等语言均属于自然语言的范畴。自然语言处理是计算机科学领域与人工智能领域中的重要方向，它研究能实现人与计算机之间用自然语言进行有效通信的各种理论和方法。自然语言处理是人工智能领域下一门多学科交叉的分支学科，涉及语言学、计算机科学、统计学、生物学等多类学科。它是对自然语言进行数字化处理并以语音或文字的方式进行输出来实现人与机器有效沟通的一种人机交互过程，其目标是要让计算机或机器在语言上像人类一样智能，缩小自然语言与机器语言之间的差距。自然语言处理主要研究方向包括机器翻译、自然语言理解、人机对话等，通过将机器感知的语音信息经过适当处理，再利用语音合成技术转化为声音从而构成了一个完整的语音交互系统。自然语言处理技术在变电站应用广泛，涉及设备巡检、数据分析、运维检修等各领域。

3.4.2　自然语言处理的发展历程

最早的与自然语言处理相关的工作是从机器翻译方面开始的。20 世纪 60

年代，国外对机器翻译进行了大规模的研究工作，投入了大量的资金和人力，其主要的做法是存储两种语言的单词或短语对应译法的大辞典，一一对应进行翻译，这与实际的语言翻译存在很多不相符的地方，比如日常翻译时通常需要结合上下文语义开展，但由于自然语言的复杂性远远超乎了人类的已有认知，相关语言处理的理论和技术均不成熟，导致整体进展并不大，机器翻译的研究陷入了低谷。但是法国、加拿大等大国仍然坚持机器翻译的研究，研究学者们开始认识到自然语言与机器语言的差异性，除了词汇上的不同，还需要考虑句法结构上的不同。经过大量的试验，证明了译文和原文在语义上需保持一致，语义分析在机器翻译中越来越受到重视，基于优选语义学的翻译系统已经能够较好地解决句法分析难以解决的歧义现象和代词所指等问题，译文质量较高，机器翻译在 20 世纪 70 年代实现了复苏。20 世纪 70 年代后期以来，机器翻译开始走上实用化的道路，实用化的机器人翻译系统开始走上市场，逐步实现了商业化。以基于转换的方法为代表的新一代机器人翻译系统以句法分析为主、语义分析为辅，采用由抽象的转换表示的分层次实现策略，加拿大蒙特利尔大学开发研制的 TAUM-METEO 翻译系统就是采用了典型的转换方法，从形态分析、句法分析、转换、句法生成和形态生成等进行翻译，大大提升了翻译效率，它是机器翻译发展史上的一个里程碑，机器翻译开始走向繁荣。我国在 20 世纪 50 年代将机器翻译列入了科学研究的发展规划，并在机器翻译方面取得了一定的研究成果。20 世纪 80 年代中期，我国开始全面开展机器翻译的研究，一批机器翻译系统相继问世，包括中软开发的汉英-汉日翻译系统、中科院研制的 IMT/EC 英汉翻译系统。

除机器翻译外，自然语言理解在自然语言处理的形成和发展过程中也起到了重要作用。自然语言理解也称作人机对话，就是让计算机理解自然语言，使计算机获得人类理解自然语言的智能，并对人向计算机提出的问题，通过对话的方式用自然语言进行回答。自然语言理解在 20 世纪 60 年代开始萌芽，到 20 世纪 70 年代，关于机器翻译的研究已经有了显著的案例积累。

自然语言处理在语言学、数学、计算机科学等基础学科发展成熟的基础上也很快诞生了。1950 年图灵提出了著名的"图灵测试"，建立了自然语言处理思想的开端，20 世纪 50 年代到 70 年代期间与自然语言处理相关的基础研究得到了一定发展：1948 年 Shannon 将马尔可夫概率模型和熵的概念运用于语言处理算法中；Kleene 于 20 世纪 50 年代初研究了正则表达式；1956 年 Chomsky 也提出了上下文不相关语法并开始运用到自然语言处理。基于规则和基于概率的自然语言处理方法初步形成。随着互联网的高速发展，不断完善的硬件设备以及丰富的语料库，使得自然语言处理从理论研究进入了实验阶段，基于统计的方法逐渐代替了基于规则的方法，并取得了实质性的突破，语音识别准确率提升了近 20%。而深度学习在图像处理与语音识别领域的成功应用，激发了人们将深度学习与自然语言处理进行有效结合的想象，从而进一步推动了机器翻译、阅读理解、问答系统等领域的智能化发展。从 20 世纪 90 年代以来，中国自然语言处理研究进入了高速发展期，一系列系统开始了大规模的商品化进程，自然语言处理研究内容和应用领域上也不断创新。目前，自然语言处理的研究可以分为基础性研究和应用性研究两部分，语音和文本是两类研究的重点。基础性研究主要涉及语言学、数学、计算机学科等领域，相对应的技术有消除歧义、语法形式化等。应用性研究则主要集中在一些应用自然语言处理的领域，例如信息检索、文本分类、机器翻译、人机对话等。我国在机器翻译方面的研究起步较早，在基础理论研究方面奠定了坚实的基础。

3.4.3　基于深度学习的自然语言处理

计算机处理自然语言的过程：形式化描述—数学建模—算法实现—实用化。具体步骤如下。

（1）形式化描述：将研究对象在语言上建立形式化模型，使其可以以数学形式表示出来。

（2）数学建模：利用概率论、统计学等方法进行数学建模。

（3）算法实现：利用计算机语言对搭建的数学模型进行算法实现，建立各种自然语言处理系统。

（4）实用化：对系统进行评测和改进最终满足显示需求。

随着研究工作的不断深入，有人开始利用深层神经网络在大规模无标注语料上无监督地为每个词学到了一个分布式表示，形式上把每个单词表示成一个固定维数的向量，当做词的底层特征。在此特征基础上，完成了词性标注、命名实体识别和语义角色标注等多个任务，后来有人利用递归神经网络完成了句法分析、情感分析和句子表示等多个任务，这也为语言表示提供了新的思路。

深度学习神经网络语言模型与传统语言模型区别在于理论上它可以实现无限长词记忆处理。神经网络语言模型的训练集是一个词序列 $w_1, \cdots, w_t$，$w_t \in V$，其中 V 是较大的有限集合，学习的目标是得到一个好的模型 $f(w_t, \cdots, w_{t-n+1}) = \hat{P}(w_t | w_1^{t-1})$，唯一的限制条件就是 w_1^{t-1} 的选择，要求 $\sum_{t=1}^{|V|} f(i, w_{t-1}, \cdots, w_{t-n+1}) = 1$。由词序列的条件概念获得模型的联合概率。

具体实现时把模型 $f(w_t, \cdots, w_{t-n+1}) = \hat{P}(w_t \mid w_1^{t-1})$ 分解成两部分来进行：

（1）把词表 V 中任何一个元素 i 表示成一个实向量 $C(i) \in R^m$，代表词表 V 中每一个词的分布式特征向量，而 C 则为一个 $|V| \times m$ 的矩阵。

（2）词汇实向量 C 上的概率函数：函数 g 将上下文中输入句子的词序列的特征向量 $(C(W_{t-n+1}), \cdots, C(W_{t-1}))$ 转换为在词表 V 中 w_i 出现的条件概率。函数 g 的输出结果第 i 个词出现的概率 $\hat{P} = (w_t = i \mid w_1^{t-1})$

$$f(i, w_{t-1}, \cdots, w_{t-n+1}) = g(i, C(w_{t-1}), \cdots, C(w_{t-n+1})) \qquad (3-10)$$

函数 f 为 C 和 g 两部分的组合，并且在上下文的所有词中 C 是共享的。不管是哪一部分，都具有一些相关的参数，其中 C 的参数就是其本身，通过 $|V| \times m$ 矩阵来表示，矩阵中的第 i 行代表第 i 个词的特征向量。函数 g 通过一个带有参数 w 前向传播神经网络或递归神经网络来表示。整个模型的参数表示为 $\theta = (C, w)$

$$\hat{P}(w_t \mid w_{t-1}, \cdots, w_{t-n+1}) = \frac{e^{y_w}}{\sum_i e^{y_t}} \qquad (3-11)$$

3.4.4 自然语言处理的应用

自然语言处理的研究方向较广，在人工智能领域其主要的研究方向包括机器翻译、自然语言理解和人机对话。

3.4.4.1 机器翻译

机器翻译技术是指利用计算机技术实现从一种自然语言到另外一种自然语言的翻译过程，综合了计算机、语言学、认知科学等多门学科，互联网翻译工具品类多样，且有些已可对上百种语言间互译提供在线服务。与基于规则和概率的翻译方法相比，基于统计的机器翻译方法的翻译性能取得巨大提升。随着深度学习神经网络技术的逐步渗透，机器翻译逐步可实现完整句子的语言处理，在日常口语、商业语言服务等一些场景的成功应用已经显现出了巨大的潜力。随着上下文的语境表征和知识逻辑推理能力的不断发展以及自然语言知识图谱的不断扩充，机器翻译将会在多轮对话翻译等领域取得更多进展。目前，统计机器翻译在非限定领域机器翻译中性能较佳，翻译过程包括训练及解码两个阶段。训练阶段是要获得相关模型参数，解码阶段是要基于估计出来的参数和给定的优化目标，获取待翻译语句的最佳翻译结果。统计机器翻译主要包括语料预处理、词对齐、短语抽取、短语概率计算、最大熵调序等步骤。然而基于神经网络的端到端翻译方法不再针对双语句子去专门设计特征模型，而是直接把源语言句子的词串输入至神经网络模型，通过神经网络的计算来得到目标语言句子的翻译输出。端到端的机器翻译系统中，通常采用递归神经网络或卷积神经网络对句子进行表征建模，再从海量训练数据中抽取语义信息，与统计翻译相比，其翻译结果更加自然和流畅，在现实应用中取得了较好的效果。当然，同所有自然语言处理技术一样，机器翻译仍受语义理解限制。

3.4.4.2　自然语言理解

自然语言理解技术是指利用计算机技术实现对输入文本的理解，同时回答与输入内容相关问题的过程。自然语言理解又称语义理解，其更注重于对上下文语境的理解而不是基于当前文本信息的解读。随着 MCTest 数据集的发布，语义理解受到更多关注，取得了快速发展，相关数据集和对应的神经网络模型层出不穷。语义理解技术已在并将持续在智能销售、智能客服、智能陪伴等相关领域发挥重要作用，从而进一步提高人机对话的准确度。语义理解通过自动构造数据方法和自动构造填空型问题的方法来有效采集并扩充数据资源。对于填充数据的解决办法，包括基于注意力的神经网络等方法。当前主流的模型是利用神经网络技术对输入文本、问题建模，对答案的开始和终止位置进行预测，抽取出中间文本片段。目前的语义理解技术对模糊片段的正确答案处理难度较大，还有很大的技术提升空间。

3.4.4.3　人机对话

人机对话系统分为开放领域的对话系统和指定领域的问答系统。人机对话技术是指让机器像人一样用自然语言与人进行交流的技术。向人机对话系统输入自然语言问题，对话系统通过阅读、翻译、合成问题答案后再以自然语言表达的方式输出答案。虽然目前已经有了不少对话系统产品面向市场化应用，包括智能语音助手、智能服务机器人等，但多数产品在系统鲁棒性方面仍然存在着很大问题，由于语料库的补充库，机器反馈的信息往往不符合实际需求。

综合看来，自然语言处理在词法、句法、语义、语用和语音等不同层面均存在不确定性，同时语料库数据的不充分使其难以覆盖复杂的语言，这些都大大增加了自然语言处理技术发展的难度。此外，语义知识的模糊性和错综复杂的上下文关联也难以用简单的数学模型来表征，语义计算需要的参数庞大，还需要引入大量的非线性计算，这些因素成为自然语言处理技术快速发展的羁绊。

3.4.5　应用前景与未来发展方向

新时代，在人工智能的急速发展的大背景下，更多学者投入到自然语言处理的研究中，致力于使其在人工智能领域中发挥更大的作用，并已取得一些应用成果。当前，人工智能相关企业中常用到的自然语言处理软件包：自然语言工具包（NLTK）、SpaCy、Gensim、Amazon Comprehend、IBM Watson 音频分析器、Google 云翻译等。随着深度学习研究的不断深入，自然语言处理的发展前景十分广阔。但总的来说，面向自然语言处理的深度学习研究目前尚处于起步阶段，尽管已有的深度学习算法模型如循环神经网络、递归神经网络和卷积神经网络等已经有较为显著的应用，但还没有重大突破。围绕适合自然语言处理领域的深度学习模型构建等研究也有着非常广阔的空间。

从自然语言处理技术发展现状和趋势来看，未来还需在以下各个方面有所突破，包括：多粒度分词、新词发现、词性标注等词法和句法分析；非规范文本的语义分析方面；词义消歧方面；有效语言计算模型构建，如运用深度神经网络语言认知模型；融合符号逻辑和表示学习的大规模高精度的知识图谱方面；无监督或半监督方面的文本分类与聚类；对于关系、事件等信息的准确抽取；基于上下文感知、跨领域跨语言、深度学习的情感分析；自动文摘、信息检索、自动问答以及机器翻译等。

» 3.5 人 机 交 互 «

人机交互主要研究人和计算机之间的信息交换，主要包括人到计算机和计算机到人的两部分信息交换，是人工智能领域的重要的外围技术，也是变电站中人与巡检机器人以及人与智能装备间信息沟通的不可或缺的支撑技术。人机交互是与认知心理学、人机工程学、多媒体技术、虚拟现实技术等密切相关的综合学科。传统的人与计算机之间的信息交换主要依靠交互设备进行，主要包括键盘、鼠标、操纵杆、数据服装、眼动跟踪器、位置跟踪器、数据手套、压力笔等输入设备，以及打印机、绘图仪、显示器、头盔式显示器、音箱等输出设备。人机交互技术除了传统的基本交互和图形交互外，还包括语音交互、情感交互、体感交互及脑机交互等技术，以下对后四种与人工智能关联密切的典型交互手段进行介绍。

3.5.1 语音交互

人与人之间最有效也是最普遍的交互形式是有声语言，让计算机具备人类拥有的对有声语言的理解能力却不容易，学术界和企业界对语音控制的人机交互有着浓厚兴趣并在不断探索。

语音交互是一种高效的交互方式，是人以自然语音或机器合成语音同计算机进行交互的综合性技术，结合了语言学、心理学、工程和计算机技术等领域的知识。语音交互不仅要对语音识别和语音合成进行研究，还要对人在语音通道下的交互机理、行为方式等进行研究。语音交互过程包括四部分：语音采集、语音识别、语义理解和语音合成。语音采集完成音频的录入、采样及编码；语音识别完成语音信息到机器可识别的文本信息的转化；语义理解根据语音识别转换后的文本字符或命令完成相应的操作；语音合成完成文本信息到声音信息的转换。作为人类沟通和获取信息最自然便捷的手段，语音交互比其他交互方式具备更多优势，能为人机交互带来根本性变革，是大数据和认知计算时代未来发展的制高点，具有广阔的发展前景和应用前景。

3.5.2　情感交互

情感是一种高层次的信息传递，而情感交互是一种交互状态，它在表达功能和信息时传递情感，勾起人们的记忆或内心的情愫。传统的人机交互无法理解和适应人的情绪或心境，缺乏情感理解和表达能力，计算机难以具有类似人一样的智能，也难以通过人机交互做到真正的和谐与自然。情感交互就是要赋予计算机类似于人一样的观察、理解和生成各种情感的能力，最终使计算机像人一样能进行自然、亲切和生动的交互。

情感交互已经成为人工智能领域中的热点方向，旨在让人机交互变得更加自然。目前，在情感交互信息的处理方式、情感描述方式、情感数据获取和处理过程、情感表达方式等方面还有诸多技术挑战。

实现情感交互的一个可行的途径是通过定义情感计算框架，以这个框架为核心去模拟实现一定情感交互。人类的情感是非常复杂的概念，人们会用喜怒哀乐的词汇形容情感，此外还有恐惧、惊慌、羡慕嫉妒恨等，甚至还有复杂的复合情绪存在，很难对这些情感直接下一个简单直接的定义。通过使用心理学上的模型，首先定义有限的基本情感，再把复杂情感投射到基本分类上，得到统一的表示。通过大量数据训练，得到基本的情感识别的分类，之后在通用决策基础上加入动态因素来对识别的情感进行应对。

3.5.3　体感交互

体感交互是个体不需要借助任何复杂的控制系统，以体感技术为基础，直接通过肢体动作与周边数字设备装置和环境进行自然的交互。依照体感方式与原理的不同，体感技术主要分为三类：惯性感测、光学感测以及光学联合感测。体感交互通常由运动追踪、手势识别、运动捕捉、面部表情识别等一系列技术支撑。

在计算机将体感交互动作解码为用户的交互意图之前，首先要对用户完成的交互动作进行感知和识别。计算机需要借助传感器将用户的交互动作转换为可以计算和分析的信号数据，随后对于信号数据进行分割、特征提取和分类。常用的传感信号包括图像、声音、惯性传感器信号等。基于图像的用户身体姿态感知已被广泛应用于远距离大屏幕交互中。通过使用深度摄像头（如微软Kinect 摄像头）作为传感设备，算法可以提取出用户当前的骨架信息（Skeleton），通过感知一段时间窗口内的骨架信息变化来识别用户的交互动作。基于声音信号的事件检测也已得到深入研究。用户日常活动（如开门）和紧急事件的检测（如鸣枪、尖叫等）均可通过单个或者多个麦克风采集到的音频信号来识别和分类。在将交互动作感知为连续的传感器信号后，计算机还要对信号进行分析和特征提取，以及最终的分类。常用的分类算法包括基于逻辑启发、基于数据模板和基于机器学习的分类方法。基于逻辑启发的分类方法通过设定逻辑规则来识别不同的交互动作，典型工作设定动作幅度和方向的阈值，当用户的交互动作超出这些阈值时会被识别为对应的动作类别。基于数据模板的分类方法通过采集不同类别交互动作的信号数据，通过比较用户当前的动作信号与模板数据的相似程度来判断该动作的类型。基于机器学习的方法，通过提取特征来表征交互动作，并构建不同模型分类器（如支持向量机）来对交互动作进行分类。

与其他交互手段相比，体感交互技术无论是在硬件还是软件方面都有了较大的提升，交互设备向小型化、便携化、使用方便化等方面发展，大大降低了对用户的约束，使得交互过程更加自然。目前，体感交互在游戏娱乐、医疗辅助与康复、全自动三维建模、辅助购物、眼动仪等领域均有较为广泛的应用。

3.5.4 脑机交互

脑机交互又称为脑机接口，指不依赖于外围神经和肌肉等神经通道，直接实现大脑与外界信息传递的通路。脑机接口系统检测中枢神经系统活动，并将其转化为人工输出指令，能够替代、修复、增强、补充或者改善中枢神经系统的正常输出，从而改变中枢神经系统与内外环境之间的交互作用。脑机交互通过对神经信号解码，实现脑信号到机器指令的转化，一般包括信号采集、特征提取和命令输出三个模块。

从脑电信号采集的角度，一般将脑机接口分为侵入式和非侵入式两大类。除此之外，脑机接口还有其他常见的分类方式：按照信号传输方向可以分为脑到机、机到脑和脑机双向接口；按照信号生成的类型，可分为自发式脑机接口和诱发式脑机接口；按照信号源的不同还可分为基于脑电的脑机接口、基于功能性核磁共振的脑机接口以及基于近红外光谱分析的脑机接口。

从研究的目的划分，脑机接口研究有三大类，第一就是疾病的诊断和诊治；第二是感知认知，也即人工智能的研究；第三是脑机交互的研究，就是人不用通过手，也不用通过语言，只通过大脑的想象来和机器进行交互。

脑电信号（EEG）直接反映人脑活动和认知特性，可以做情绪的监测、疾病的检测、脑机的交互。脑电信号在应用领域和前景上是非常广阔的，比如说在人工智能领域，它可以探索人脑活动和认知规律，在脑机交互上也可以帮助残疾人来控制轮椅等设备，目标检测上可以借助脑电信号提高目标检测的性能，在情绪监测上可以感知工作状态、压力和焦虑等。另外就是在一些 EEG 研究上，利用 EEG 和对视觉的刺激，可以研究人对视觉感知的特点，来启发视觉研究等。

» 3.6　计 算 机 视 觉 «

计算机视觉是人工智能领域最热门的研究方向之一。计算机视觉实际上是一个跨领域的交叉学科，包括计算机科学（图形、算法、理论、系统、体系结构）、数学（信息检索、机器学习）、工程学（机器人、语音、自然语言处理、图像处理）、物理学（光学）、生物学（神经科学）和心理学（认知科学）等。许多科学家认为，计算机视觉为人工智能的发展开拓了道路。计算机视觉技术主要包括图像分类、目标检测、目标跟踪、语义分割和实例分割等技术。计算机视觉技术在变电站设备缺陷识别、变电站环境监测、运维人员安全管控等方面都有广泛用途。

3.6.1　图像分类

图像分类是根据图像的语义信息将不同类别图像区分开来，这里的语义信息可以理解为图像的特征。给定一组各自被标记为单一类别的图像，可对一组新的测试图像的类别进行预测，并测量预测的准确性结果，这就是图像分类处理过程。图像分类问题需要面临以下几个挑战：视点变化、尺度变化、类内变化、图像变形、图像遮挡、照明条件和背景杂斑。

图像分类一般采用基于数据驱动的方法，分如下几步：

首先，输入是由 N 个图像组成的训练集，共有 K 个类别，每个图像都被标记为其中一个类别。

然后，使用该训练集训练一个分类器，来学习每个类别的外部特征。

最后，预测一组新图像的类标签，评估分类器的性能，再用分类器预测的类别标签与其真实的类别标签进行比较。

目前较为流行的图像分类架构是卷积神经网络（CNN）——将图像送入网络，然后网络对图像数据进行分类。第一届 ImageNet 竞赛的获奖者是 Alex Krizhevsky（NIPS 2012），他在 Yann LeCun 开创的神经网络类型基础上设计了一个深度卷积神经网络，称为 AlexNet，如图 3-18 所示。

随着 GPU 计算能力越来越强，数据集越来越大，大型神经网络的分类效果也越来越好。在这之后，已经有很多种使用卷积神经网络作为核心，并取得优秀成果的模型，如 ZFNet（2013）、GoogLeNet（2014）、VGGNet（2014）、RESNET（2015）、DenseNet（2016）等。

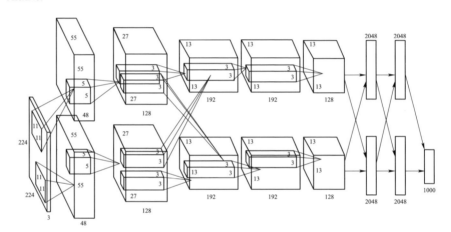

图 3-18　AlexNet 网络结构

3.6.2　目标检测

图像中的目标检测涉及识别各种子图像并且围绕每个识别的子图像绘制一个边界框。

与分类相比，目标检测的问题要稍微复杂一点，必须对图像进行更多的操作和处理。识别图像中的目标，通常会涉及为各个对象输出边界框和标签。

为了解决这一问题，神经网络研究人员建议使用区域（Region）这一概念，这样就会找到可能包含对象的"斑点"图像区域，运行速度就会大大提高。第一种模型是基于区域的卷积神经网络（R-CNN，如图 3-19 所示），其算法原理如下：

首先，在 R-CNN 中使用选择性搜索算法扫描输入图像，寻找其中的可能对象，从而生成大约 2000 个区域建议。

然后，在这些区域建议上运行一个卷积神经网络。

最后，将每个卷积神经网络的输出传给支持向量机（SVM），使用一个线性回归收紧对象的边界框。

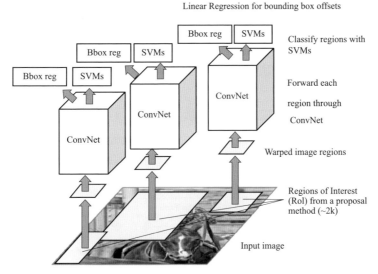

图 3-19　R-CNN 结构

实质上，可将目标检测转换为一个图像分类问题。但是也存在这些缺点：训练速度慢、需要大量的磁盘空间、推理速度也很慢。

R-CNN 的第一个升级版本是 Fast R-CNN，如图 3-20 所示，通过使用二次增强，大大提高了检测速度。

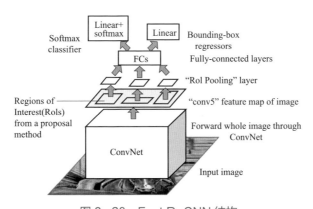

图 3-20　Fast R-CNN 结构

在建议区域之前进行特征提取，因此在整幅图像上只能运行一次卷积神经网络。

用一个 Softmax 层代替支持向量机，对用于预测的神经网络进行扩展，而不是创建一个新的模型。

Fast R-CNN 的运行速度要比 R-CNN 快得多，因为在一幅图像上它只能训练一个 CNN。但是，选择性搜索算法生成区域提议仍然要花费大量时间。Faster R-CNN（如图 3-21 所示）针对这一问题又做了改进。该算法用一个快速神经网络代替了运算速度很慢的选择性搜索算法：通过插入区域提议网络（RPN）预测来自特征的建议。RPN 决定查看"哪里"，这样可以减少整个推理过程的计算量。

RPN 快速且高效地扫描每一个位置，来评估在给定的区域内是否需要做进一步处理。其实现方式如下：通过输出 k 个边界框建议，每个边界框建议都有 2 个值——代表每个位置包含目标对象和不包含目标对象的概率。

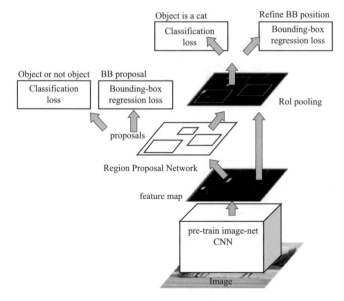

图 3-21　Faster R-CNN 结构

一旦有了区域建议，就直接将它们送入 Fast R-CNN，并且还添加一个池化层、一些全连接层、一个 Softmax 分类层以及一个边界框回归器。

近年来，主要的目标检测算法已经转向更快、更高效的检测系统。这种趋势在 You Only Look Once（YOLO）系列、Single Shot MultiBox Detector（SSD）和基于区域的全卷积网络（R-FCN）算法中尤为明显，这三种算法转向在整个图像上共享计算。因此,这三种算法和上述的 3 种造价较高的 R-CNN 技术有所不同。

图 3−22 和图 3−23 分别是采用 YOLO 算法实现的配电站房违规状态检测效果图以及变电站内二次压板投退状态检测效果图。

图 3−22　配电站房违规状态检测

图 3−23　二次压板投退状态检测

3.6.3　目标跟踪

作为计算机视觉和视频信息处理等领域中一个非常活跃的分支,运动目标检测与跟踪就是对视场内的运动目标如人和车辆等,进行实时的观测,并在此基础上对被观测对象进行分类，然后分析它们的行为。基于图像信息的目标跟踪简称为图像跟踪，是以图像处理技术为核心，有机融合了计算机技术、传感器技术、模式识别、人工智能等多种理论和技术的新型的目标识别跟踪技术。它依靠成像技术，可以获取更加丰富的目标信息、有极强的抗干扰能力。目标跟踪由于有着广泛的应用和需求，引起了人们的极大关注。

视频中的运动目标检测要求在被监视的场景中实时检测出运动目标，并将其提取出来。而运动目标跟踪就是在运动目标检测的基础上利用目标有效特征，使用适当的匹配算法，在序列图像中寻找与目标模板最相似的图像的位置，即给目标定位。实际应用中，这两方面工作相互影响。运动目标检测是实现计算机图像处理、目标识别跟踪的基础，是系统的首要环节。检测算法设计的好坏是系统成败的关键，它也占据了整个系统大部分运算量；运动目标跟踪不仅可以为运动目标检测提供帮助，而且也可以提供目标的运动轨迹和准确定位目标，为下一步的目标行为分析与理解提供可靠的数据来源。

总之，运动目标的检测与跟踪可以实时监视真实场景，获取实时的视频数据，提取和跟踪场景中的目标，记录目标的活动过程，通过计算机的自动分析，产生对目标活动状态的理解，从而向监控人员提供简洁有效的目标监控信息，能够大量减少人力物力、提高监控性能、保障人身以及财产安全。

根据被跟踪目标信息使用情况的不同，可将视觉跟踪算法分为基于对比度分析的目标跟踪、基于匹配的目标跟踪和基于运动检测的目标跟踪。基于对比度分析的跟踪算法主要利用目标和背景的对比度差异，实现目标的检测和跟踪。基于匹配的跟踪主要通过前后帧之间的特征匹配实现目标的定位。基于运动检测的跟踪主要根据目标运动和背景运动之间的差异实现目标的检测和跟踪。从技术原理来说目标跟踪可分为单目标跟踪和多目标跟踪。

单目标跟踪主要可以分为 5 部分，分别是运动模型、特征提取、外观模型、目标定位和模型更新。运动模型可以依据上一帧目标的位置来预测在当前帧目标可能出现的区域，现在大部分算法采用的是粒子滤波或相关滤波的方法来建模目标运动。随后，提取粒子图像块特征，利用外观模型来验证运动模型预测的区域是被跟踪目标的可能性，进行目标定位。由于跟踪物体先验信息的缺乏，需要在跟踪过程中实时进行模型更新，使得跟踪器能够适应目标外观和环境的变化。单目标跟踪框图如图 3-24 所示。

多目标跟踪算法研究至今，涌现了大量研究成果。目前主流的研究框架有两种：一种是基于检测跟踪的框架（Tracking-by-Detection），另一种是最近几年

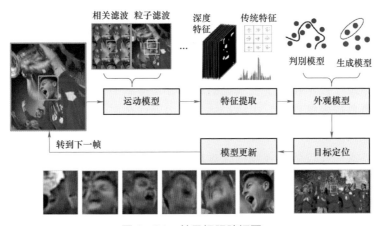

图 3-24　单目标跟踪框图

热门的基于深度学习（Deep Learning）的框架。在基于检测跟踪的框架算法中常使用两种模型来建模，分别是外观模型和运动模型。外观模型主要是对目标的整体外观特征进行建模，尽最大可能将目标与背景分离；运动模型主要是对目标的运动特性进行建模，预测目标的位置，挖掘帧间的相关信息，然后通过事件分析来获得目标的运动轨迹。目前研究领域内多目标跟踪的框架有很多，一般多目标跟踪系统框架如图 3-25 所示。

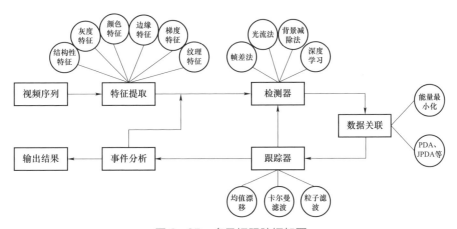

图 3-25　多目标跟踪框架图

检测器中包括对目标外观模型的处理，跟踪器包含对目标运动模型的处理。外观模型包含目标特征提取、分类匹配以及更新三个部分，接着通过数据关联，挖掘前后帧之间的关联信息，在运动模型中通过搜索和采样目标潜在的空间位置信息，为后面分类匹配提供可靠的样本，然后计算比较这些候选样本的可信度分数来进行预测，得分最高的样本即为预测结果。另外，通过运动模型预测得到的目标位置，有一部分会再输入到检测器中，用于处理经过遮挡后目标重现的情况。最后通过事件分析消除噪声干扰，得到目标连续的运动轨迹。

多目标跟踪技术在基于视频流的违章行为检测中很有用，利用电网典型场景下的人员目标跟踪技术，生成后续行为识别任务所需的人员时空管道，实现对现场作业人员的离线时序行为分析和在线安全行为监督，可以有效识别包含多种时序姿态，且仅依靠视频抽帧难以准确判别的行为，如高处作业人员抛掷器具、人员异常倒地、高空抛物等，如图3-26所示。

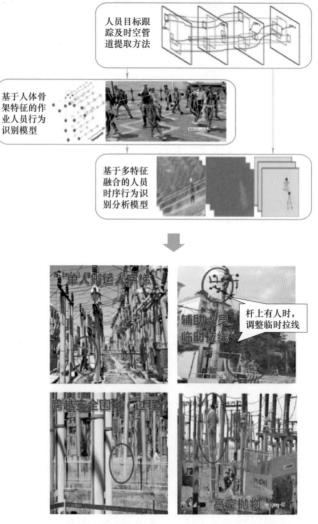

图3-26 基于多目标跟踪技术的电网典型作业场景违章行为识别

3.6.4　语义分割

语义分割将整个图像分成一个个像素组，然后对其进行标记和分类。特别地，语义分割试图在语义上理解图像中每个像素的角色（比如，识别它是汽车、摩托车还是其他的类别）。

如图 3-27 所示，除了识别人、道路、汽车、树木等之外，人们还必须确定每个物体的边界。因此，与分类不同，需要用模型对密集的像素进行预测。

图 3-27　语义分割示意图

与其他计算机视觉任务一样，卷积神经网络在分割任务上取得了巨大成功。最流行的原始方法之一是通过滑动窗口进行块分类，利用每个像素周围的图像块，对每个像素分别进行分类。但是其计算效率非常低，因为不能在重叠块之间重用共享特征。

加州大学伯克利分校提出的全卷积网络（FCN，如图 3-28 所示），通过端到端的卷积神经网络体系结构，在没有任何全连接层的情况下进行密集预测。这种方法允许针对任何尺寸的图像生成分割映射，并且比块分类算法快得多，

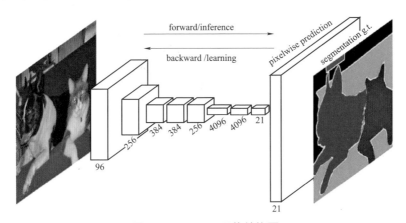

图 3-28　FCN 网络结构图

几乎后续所有的语义分割算法都采用了这种范式。但是，这也仍然存在一个问题：在原始图像分辨率上进行卷积运算非常昂贵。为了解决这个问题，FCN 在网络内部使用了下采样和上采样：下采样层被称为条纹卷积（Striped Convolution），而上采样层被称为反卷积（Transposed Convolution）。

尽管采用了上采样和下采样层，但由于池化期间的信息丢失，FCN 会生成比较粗糙的分割映射。SegNet（见图 3-29）是一种比 FCN（使用最大池化和编码解码框架）更高效的内存架构。在 SegNet 解码技术中，从更高分辨率的特征映射中引入了 shortcut/skip connections，以改善上采样和下采样后的粗糙分割映射。

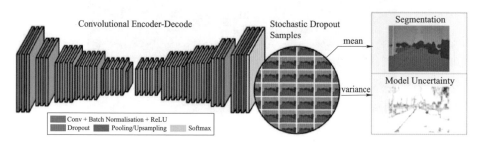

图 3-29 SegNet 网络结构图

目前的语义分割研究都依赖于完全卷积网络，如空洞卷积（Dilated Convolutions）、DeepLab 和 RefineNet。

3.6.5 实例分割

除了语义分割之外，实例分割将不同类型的实例进行分类，比如用 5 种不同颜色来标记 5 辆汽车（见图 3-30）。

图 3-30 实例分割示意图

分类任务通常来说就是识别出包含单个对象的图像是什么，但在分割实例时需要执行更复杂的任务。人们会看到多个重叠物体和不同背景的复杂景象，不仅需要将这些不同的对象进行分类，而且还要确定对象的边界、差异和彼此之间的关系。Facebook AI 使用了 Mask R-CNN（见图 3-31）架构对实例分割问题进行了探索。

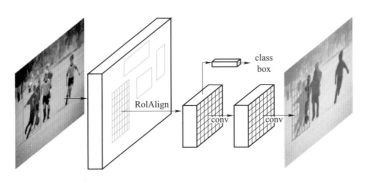

图 3-31　Mask R-CNN 结构图

Mask R-CNN 通过向 Faster R-CNN 添加一个分支来进行像素级分割，该分支输出一个二进制掩码，该掩码表示给定像素是否为目标对象的一部分；该分支是基于卷积神经网络特征映射的全卷积网络。将给定的卷积神经网络特征映射作为输入，输出为一个矩阵，其中像素属于该对象的所有位置用 1 表示，其他位置则用 0 表示，这就是二进制掩码。一旦生成这些掩码，Mask R-CNN 将感兴趣的区域对齐并与来自 Faster R-CNN 的分类和边界框相结合，以便进行精确的分割（见图 3-32）。

图 3-32　Mask R-CNN 分割效果图

3.6.6　基于3D点云的图像分析

"点云"（Point Cloud）是在同一空间参考系下表达目标空间分布和目标表面特性的海量点集合，在获取物体表面每个采样点的空间坐标后，得到的是点的集合，称之为"点云"。

三维图像是一种特殊的信息表达形式，其特征是表达空间中三个维度的数据，表现形式包括深度图（以灰度表达物体与相机的距离）、几何模型（由 CAD 软件建立）、点云模型（所有逆向工程设备都将物体采样成点云）。和二维图像相比，三维图像借助第三个维度的信息，可以实现天然的物体——背景解耦。点云数据是最为常见也是最基础的三维模型。点云模型往往由测量直接得到，每个点对应一个测量点，未经过其他处理手段，故包含了最大的信息量。这些信息隐藏在点云中，需要以其他提取手段将其萃取出来，提取点云中信息的过程则为三维图像处理。

3.6.6.1　点云的获取设备和内容

RGBD 设备是获取点云的设备，比如 PrimeSense 公司的 PrimeSensor、微软的 Kinect、华硕的 XTionPRO。根据激光测量原理得到的点云，包括三维坐标（XYZ）和激光反射强度（Intensity）、强度信息与目标的表面材质、粗糙度、入射角方向，以及仪器的发射能量、激光波长有关。根据摄影测量原理得到的点云，包括三维坐标（XYZ）和颜色信息（RGB）。结合激光测量和摄影测量原理得到点云，包括三维坐标（XYZ）、激光反射强度（Intensity）和颜色信息（RGB）。

3.6.6.2　点云的属性及存储格式

点云的属性有空间分辨率、点位精度、表面法向量等。点云的储存格式有：*.pts；*.asc；*.dat；.stl；[1].imw；.xyz；.las。LAS 格式文件已成为 LiDAR 数据的工业标准格式，LAS 文件按每条扫描线排列方式存放数据，包括激光点的三维坐标、多次回波信息、强度信息、扫描角度、分类信息、飞行航带信息、飞行姿态信息、项目信息、GPS 信息、数据点颜色信息等。

3.6.6.3　点云处理的层次

Marr 将图像处理分为三个层次，低层次包括图像强化、滤波、关键点/边缘检测等基本操作，中层次包括连通域标记（label）、图像分割等操作，高层次包括物体识别、场景分析等操作。工程中的任务往往需要用到多个层次的图像处理手段。

PCL 官网对点云处理方法给出了较为明晰的层次划分，如图 3-33 所示。

此处的 common 指的是点云数据的类型，包括 XYZ、XYZC、XYZN、XYZG 等很多类型点云，归根结底，最重要的信息还是包含在 pointpcl：：point：：xyz 中。可以看出，低层次的点云处理主要包括滤波（Filters）、关键点（Keypoints）/边缘检测。点云的中层次处理则是特征描述（Feature）、分割（Segmention）与分类。高层次处理包括配准（Registration）、识别（Recognition）。可见，点云在分割的难易程度上比图像处理更有优势，准确的分割也为识别打好了基础。

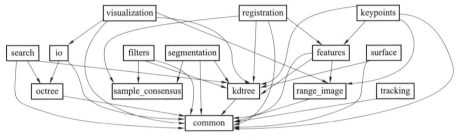

图 3-33　点云处理方法

（1）低层次处理方法。滤波方法：双边滤波、高斯滤波、条件滤波、直通滤波、随机采样一致性滤波。关键点：ISS3D、Harris3D、NARF、SIFT3D。

（2）中层次处理方法。

1）特征描述。法线和曲率的计算、特征值分析、SHOT、PFH、FPFH、3D Shape Context、Spin Image。

2）分割与分类。

a. 分割：区域生长、Ransac 线面提取、全局优化平面提取、K-Means、Normalize Cut（Context based）、3D Hough Transform（线、面提取）、连通分析。

b. 分类：基于点的分类、基于分割的分类、基于深度学习的分类（PointNet，OctNet）。

（3）高层次处理方法。

1）配准。点云配准分为粗配准（Coarse Registration）和精配准（Fine Registration）两个阶段。

精配准的目的是在粗配准的基础上让点云之间的空间位置差别最小化。应用最为广泛的精配准算法应该是 ICP 以及 ICP 的各种变种（稳健 ICP、point to plane ICP、Point to line ICP、MBICP、GICP、NICP）。

粗配准是指在点云相对位姿完全未知的情况下对点云进行配准，可以为精配准提供良好的初始值。当前较为普遍的点云自动粗配准算法包括基于穷举搜索的配准算法和基于特征匹配的配准算法。

2）基于穷举搜索的配准算法。遍历整个变换空间以选取使误差函数最小化的变换关系或者列举出使最多点对满足的变换关系。如 RANSAC 配准算法、四点一致集配准算法（4-Point Congruent Set，4PCS）、Super4PCS 算法等。

3）基于特征匹配的配准算法：通过被测物体本身所具备的形态特性构建点云间的匹配对应，然后采用相关算法对变换关系进行估计。如基于点 FPFH 特征的 SAC-IA、FGR 等算法，基于点 SHOT 特征的 AO 算法以及基于线特征的 ICL 等。

4）SLAM 图优化。Ceres（Google 的最小二乘优化库，很强大）、g2o、LUM、ELCH、Toro、SPA。

5）SLAM 方法。ICP、MBICP、IDC、likehood Field、NDT。

6）三维重建。泊松重建、Delaunay Triangulations、表面重建、人体重建、建筑物重建、树木重建。

7）结构化重建。不是简单地构建一个 Mesh 网格，而是为场景进行分割，为场景结构赋予语义信息。场景结构有层次之分，在几何层次就是点线面。

8）实时重建。重建植被或者农作物的 4D（3D+时间）生长态势、人体姿势识别、表情识别。

》 3.7 生 物 特 征 识 别 《

生物特征识别技术包含了一部分以计算机视觉为技术基础的人员身份特征，除了人脸、步态，涉及身份认证的还有指纹、虹膜、掌纹、静脉等，这些都是依靠计算机视觉技术进行图像模式的提取、内容的分析识别。还有一些生物特征识别技术如语音识别、脑电波识别、唾液提取 DNA 等识别技术。近些年，随着人工智能深度学习以及计算机视觉技术的不断发展成熟，在生物特征识别中基于计算机视觉技术的几种身份认证技术也得到了快速发展。尤其是人脸识别技术、指静脉识别技术、虹膜识别技术以及步态形体识别技术，正在随着大数据、数字化以及行业智能化的迅猛发展进入黄金时代，并不断结合行业细分领域的特点走向深度应用。

生物特征识别（BIOMETRICS）是指将计算机与光学、声学、生物传感器和生物统计学等相结合，利用人体所固有的生物特征来进行个人身份鉴别的技术。生物特征识别的核心是获取生物特征，将其转换成数字信息，利用匹配算法进行认证，完成识别个人身份。生物特征大致分为生理特征和行为特征两类，这里的生理特征主要指与生俱来的，是先天性的，主要包括指纹、掌纹、虹膜、视网膜、人体气味、脸像、DNA 等，行为特征是习惯使然，是后天性的，主要包括签名、声音、步态等。生物特征识别方法是利用人类自身的个体特征进行身份认证，识别系统主要包括数据采集、数据储存、比对和决策等子系统，其具有普遍性、稳健性、唯一性和可采集性，比传统的身份鉴定方法更具安全、保密和方便性，被认为是一种可靠、方便、快捷的大众化身份鉴别手段。随着信息技术的发展，生物特征识别技术逐渐成熟，应用领域不断扩大，目前各种基于生物特征识别技术的软硬件产品和行业应用解决方案在金融、电信、生产制造、公共安全、医疗卫生、军事、教育等领域得到广泛应用。

生物识别的基本原理是对生物特征进行取样，获取其唯一的特征将其转化为数字代码，并将这些代码生成特征模板，识别系统通过获取其特征并与数据集中的特征模板进行比对，来确定是否匹配，从而做出接受或拒绝该人的操作。生物特征识别技术的关键技术主要有生物特征传感器技术、活体检测技术、生物特征信号质量技术、生物特征处理技术、生物特征识别系统性能评价技术等。

生物特征识别技术在变电站智能工器具的管理、特点作业现场人员准入、智能设备操作等方面都可应用。

3.7.1　生物特征传感器

生物特征传感器是由分子识别部分（敏感元件）、转换部分（换能器）两部分构成，具有接收器和转换器的功能，主要通过一种对生物物质敏感并将其浓度转换为电信号的原理进行采集生物特征，将采集的数据转化成可以处理的数据信号进行检测，从而达到生物特征识别的效果。大部分的生物特征是通过光学传感器或互补金属氧化物半导体形成图像信号，例如人脸、指纹、掌纹等生物特征。目前，生物特征传感器技术已在食品工业、环境监测、发酵工业、医学等领域得到广泛应用。

通过指纹或面部识别来解锁手机已经是再平常不过的事情，生物特征传感器技术的下一个前沿领域是汽车。试想：当一个人进入车内，他应该会希望让车知道他是谁，并根据喜好进行个性化设置，包括温度、收音机频道和座椅位置都调节到熟悉的状态。除此之外，还有一些其他的技术能确保乘客的安全，比如心率监测器和安全带传感器。当心脏病发作时，它们会呼叫急救人员。

但是，将生物特征传感器整合到汽车上有许多不同的选择，每种选择都有其优缺点。消费者已经习惯了在手机上使用指纹扫描，所以这可能是应用到汽车产品上的一个简单过渡。另外，指纹传感器可以在车辆生产后单独添加，使其对租车公司和汽车共享平台非常有用。劣势方面，指纹扫描需要专门的硬件和司机的积极参与，这在行驶途中可能有些困难。此外，在寒冷的冬天脱掉手套为车辆解锁可不是舒服的事情，而且被冰或雨覆盖的传感器可能无法识别指纹信息。就租车而言，对于那些有洁癖的人来说，他们是否愿意把手指放在其他数百人触摸过的扫描仪上也是个问题。

与此同时，另一种生物识别技术——面部识别，还有很大的发展空间。因为面部识别是一种更被动的认证方式，优势也很明显，它并不需要司机特意去做什么动作，只要司机一坐到驾驶座上，汽车就能认出是谁。这类功能的重要性在于，当车辆知道你正在昏昏欲睡，可以指导你到最近的休息区域，甚至感觉情绪的变化，降低出现道路事故的风险。人脸识别在汽车共享中的一个更实用的用途是防止汽车盗窃惯犯或被故意损坏。供应商可以创建已知盗贼的监视列表，阻止他们开车，或者向总部发送警报。还有一种情况，偷车贼或青少年可能会使用别人的 ID 进入车辆，但传感器会识别他们的脸，并反馈给汽车共享、租赁公司，或者是有关当局。

当然，一些消费者仍然对人脸识别持怀疑态度，担心隐私问题，但这些担忧正在减弱。在 2018 年的一份针对美国、亚洲和欧洲成年人的调查中，IBM 发现 67%的人对使用生物识别技术感到满意，更有高达 87%的人觉得未来他们会习惯这些方式。

3.7.2 活体检测

活体检测是生物识别系统必不可少的功能，主要是通过眨眼、张嘴、摇头、点头等组合动作，使用人脸关键点定位和人眼追踪等技术来验证用户是否为真实活体本人操作，可防止恶意者伪造和窃取他人生物特征用于身份认证。主要的检测方式是立体性活体检测、亚表面检测、红外 FMP 检测，目前已应用到手机刷脸解锁、刷脸支付、远程身份验证等场景，随着科学技术的逐渐提高，已有研究人员使用伪造的指纹和人脸攻破了现有系统，活体检测技术变成了生物特征识别系统进入高端安全应用的最大瓶颈之一，为了化解用户对生物特征识别技术的信任危机，活体检测水平必须突破安全应用的瓶颈。

人脸验证（Face Verification）：给定两张图，算法要判断出这两张图是不是同一个人，这是近年来一个非常热门的研究方向，产生了一大批模型。人脸防伪（Face Anti-Spoofing）：刷脸的时候，算法要判别这张脸是不是真人活体脸，而对于合成的或者他人照片来攻击算法的，应该予以拒绝。PA（Presentation Attacks）是常用的攻击方式，主要包含 Print Attack（即打印出人脸照片）、Replay

Attack（播放视频）、Mask Attack（带人脸假体面具）等。

动作活体检测的方式具有很高的安全性，但另一方面，对用户来说，由于要配合着做几个动作，因此体验不是非常好。为此，发明了一种新的活体检测方式，不需要用户做任何动作，只需要自然正对摄像头三四秒钟，就可以完成检测了。那如果不做动作，岂不是拿张普通照片就可以攻破了？并非如此。虽然没有刻意做动作，但真实的人脸并不是绝对静止的，总有一些微表情存在，比如眼皮和眼球的律动、眨眼、嘴唇及其周边面颊的伸缩等，利用这些特征，完全可以防住各种算法攻击。

在有些应用场景比如 ATM 机上，可以安装红外摄像头，利用红外图片可以实现更好的防攻效果。众所周知不管是可见光还是红外光，其本质都是电磁波。人眼最终看到的图像长什么样，与材质表面的反射特性有关。真实的人脸和纸片、屏幕、立体面具等攻击媒介的反射特性都是不同的，所以成像也不同，而这种差异在红外波反射方面会更加明显，比如说，一块屏幕在红外成像的画面里就只有白花花的一片，连人脸都没了，攻击完全不可能得逞。

3.7.3　生物特征信号质量评价

生物特征信号质量评价技术是指通过将采集到的生物特征分为合格和不合格两类模式识别问题，通过质量评价过滤低质量的生物特征，减少在无效的生物特征信号上处理的资源。但生物特征信号质量评价技术尚未能将评价指标定量化，因为造成生物特征信号质量差的原因千差万别，很难设计一个分类器将所有的正负样本区分开。

在自动身份识别系统中，生物特征一般是以连续的视频流或者音频流的形式进行获取。由于有效的生物特征采集范围总是有限的，再加上人的运动、姿态变化等因素，传输到计算机的生物特征信号大部分都是不合格的。而高质量的生物特征信号是进行特征表达和身份识别的基础，低质量的生物特征信号有可能引起错误接收或错误拒绝，降低系统的稳定性和鲁棒性（系统的健壮性），浪费大量的计算资源在无效的生物特征信号处理上。

基于上述分析，可以从三个方面努力排除低质量生物特征信号对识别性能的影响：研究高性能的成像硬件平台、提高识别算法的鲁棒性以及在生物识别系统中引入智能的质量评价软件模块，只容许较高质量的生物特征信号进行注册或识别。在这些措施中设计有效的质量评价算法比较实际。因为鲁棒的识别算法能够接受的信号质量也是有限的，并且虽然已经有高性能的生物特征获取装置面世，但是价格十分昂贵，也解决不了根本问题。所以研究生物特征的质量评价算法对于识别系统性能的提高具有重要意义。

从产品实用化的角度考虑，生物识别系统现在遇到的瓶颈之一就是信号的质量评价。一方面，为了拓宽系统的适用范围，提高产品的易用性，对用户更友好，研究人员希望系统能在生物特征质量要求较低的条件下运作，但是同时又要求系统能有稳定的高精度。为了平衡这个矛盾，设计"稳、快、准"的质量评价算法将是必由之路。

3.7.4 生物信号的定位与分割

生物信号的定位与分割技术是基于生物特征的图像结构和信号分布，将从生物特征采集到的原始信号进行定位和分割。原始信号包括生物特征本身和背景信息，可以分割出感兴趣的内容进行特征提取，有效鉴别人们的身份。定位和分割算法一般都是基于生物特征在图像结构和信号分布方面的先验知识。例如人脸检测就是要从图像中找到并定位人脸区域，一直是计算机视觉领域的研究热点。指纹的分割算法一般是基于指纹区域和背景区域的图像块灰度方差的差异特性虹膜的定位，主要利用瞳孔/虹膜/巩膜存在较大的灰度跳变并且成圆形的边缘分布结构特征；掌纹的定位一般是基于手指之间的参考点来构建参考坐标系。

检测运动目标的目的是从序列图像中将变化区域从背景图像中提取出来。运动区域的有效分割对于随后的目标跟踪非常重要。在后面的处理过程中，仅需考虑图像中对应于运动区域的像素使数据更有针对性，同时还可以节省大量的存储空间。然而，背景图像的动态变化如天气光照影子及其他干扰的影响，使得运动检测成为一项相当困难的工作。

由于在工业监控、智能交通及军事领域的许多方面有着广泛的应用，对运动检测的研究受到国内外许多学者的普遍关注。通常摄取的目标图像信息经过适当的预处理后便可提取跟踪目标所需的信息及确定跟踪目标的恰当方式。跟踪目标所需要的信息中，首要的是目标位置信息，即运动目标的分割定位。就此，国内外已有许多文章对其进行了研究，目前主要的方法有基于统计与基于相关匹配技术，前者需要有目标和背景的先验知识，后者计算量大，不适于实时应用。目前迫切需要的是一种不需要目标和背景的先验知识，能够快速定位，适用于实时处理的运动目标定位分割方法。

3.7.5 生物特征信号增强

生物特征信号增强技术是指在特征提取前对感兴趣的区域进行增强，主要目的是去噪和凸显特征内容，对于生物特征信号比较模糊的，可以使用超分辨率的方法或逆向滤波的方法进行生物特征信号的增强。例如人脸和虹膜图像一般用直方图均衡化的方法增强图像信息的对比度，指纹一般用频域的方法得到脊线分布的频率和方向特征后进行纹路增强。

对于常规方式获取的生物特征信号，多数掺杂着干扰信号，在一定程度上影响了对生物特征信号的检测与分析。一些外界高强度噪声淹没了有用的生物特征信号，使人们对有用的生物特征信号的提取分析变得非常困难。对采集的生物特征信号进行提纯处理是生物信号检测的基础，也是生物特征信号增强的重要手段。

实际采集的生物特征信号多是随机噪声混杂的多分量时变信号，有效去除生物特征信号中的噪声，是实际应用中所面临的主要问题。传统的去噪方法多是只在频域或时域内进行，但生物特征信号与噪声信号之间通常是以时频交叉形式存在的，使得现阶段的消噪方法难以实现信噪分离。以短时傅里叶变换为代表的线性时频表示方法对随机噪声混杂的时变信号进行分析时，不会产生交叉项，但该方法时频分辨率不高。以 WVD 算法（Wigner-Ville 分布）为代表的非线性时频表示方法，具有较高的时频分辨率，但无法避免交叉项的产生。以 Chirplet 时频变换为代表的时频分解方法，将生物特征信号分解为不同的基函数，再根据基函数的 Wigner-Ville 分布来取代生物特征信号的时频分布，这样既能避免交叉干扰项的产生，也能提高信号时频分辨率。

生物特征信号在频域内很容易受到干扰，固定阈值的提纯算法在实际应用中由于会受到多类干扰信号影响，导致提纯困难。基于自适应时频分解的生物特征信号提纯算法，可以构建生物信号采集模型，对生物信号在时域和频域内进行特征分解，得到单分量特征。设计匹配滤波检测器估计出生物信号频域特征系数，将解析信号代入滤波器中进行实时滤波处理，得到生物特征信号的基本分量，可以用提取出的信号分量的时频分布进行时域信号的重建，获得提纯后的生物信号分量，实现生物特征信号的增强。

3.7.6　生物特征表达与抽取技术

生物识别的基本的、原理性的问题即"机器是用什么特征进行身份识别的？什么是生物特征信号中凸现个性化差异的本质特征？"对于这个问题在个别的生物特征识别领域得到了共识，例如指纹识别，大家都公认细节点（包括末梢点和分叉点）是描述指纹特征的表达方式，所以国际上就有统一的基于细节点信息的指纹特征模板交换标准，给不同厂商的指纹识别系统的兼容性和数据交换带来了便利。但是在其他生物识别领域，例如人脸、虹膜、掌纹等领域研究人员还在不断探索特征表达模型。虽然这些领域的特征表达方法的种类繁多，部分算法也已经取得了很好的识别性能，但是人脸识别、虹膜识别、掌纹识别的根本问题——"什么是人脸、虹膜或掌纹图像的本质特征及其有效表达？"——一直没有得到权威和普遍认同的回答。

这是因为每个人脸、虹膜和掌纹图像的特征表达方法都是基于某种信号处理方法或者某个计算机视觉或者某个模式识别的理论，对于这些图像的本质特征表达还没有进行深入的研究。现在生物特征表达领域的流行趋势是把各种经典的或者新提出的图像分析方法依次去尝试，产生这种现象的根源是大家没有基础理论的指导。由于各种方法各自为"政"，造成生物特征模板的数据交换格式难以统一和标准化。例如人脸、虹膜和掌纹的数据交换标准只能基于图像，这是因为大家找不到一个统一的、权威的图像特征表达方法。

相对于基于特征的数据交换标准，基于图像的交换标准在计算和存储资源的占用、传输速率等多方面都处于下风。例如在电子护照应用中，统一格式的生物数据都存放在非接触 IC 芯片中，在识别前需要通过无线读卡器从护照 IC 中读出生物数据，这时基于特征的方法比基于图像的方法快 100 倍，而且基于图像的方法还要多一个特征提取的步骤才能得到用户护照中的生物特征。所以不管是对于研究还是应用，生物特征信号本质特征的尽快确定都是非常重要的。

3.7.7 生物特征的匹配

生物特征的匹配技术是指计算两个生物特征样本的特征向量之间的相似度，是进一步生物特征数据库检索和分类技术的基础，目前主要应用在指纹细节点、虹膜斑纹、人脸等模式。

无线网络以其快捷方便的传输特质越来越受到更多用户的推崇。然而无线网络所专有的传输媒介使其更加容易受到攻击，特别是利用专有协议以及未知协议窃取信息的行径。对于未知协议比特流数据分类的研究方法指出目前有单模式匹配算法、多模式匹配算法、关联规则算法等。而单模式匹配算法是在 T 中找出某个 Pattern 显示位置的经过，KMP 算法是单模式算法中的一种，其中心目的是利用一些已经匹配合适的信息及前缀（Prefix）来完成后期未匹配的信息，该算法可以在模式字符串匹配未成功的状况下向前位移若干个字符，增加了匹配成功率，但此算法匹配花费时间较高。

目前需要的是一种基于生物特征匹配的未知协议比特流数据分类的多模

匹配算法：对指纹细节特征提取，然后对细节特征点校准，将细节特征点进行匹配，限定未知协议数据在网络上传输的规则。对未知协议比特流数据分类识别是关键，通过运用最大相关最小冗余的特征选择算法对数据帧进行特征选择，利用聚类算法归类分析达到对比特流数据分类的目的，这样可以确保生物特征匹配过程中的信息安全问题。

3.7.8　生物特征数据库检索与分类

生物特征数据库检索与分类技术采用并行计算和生物特征粗分类的方法，不仅可以减少每次检索和分类的时间，还能实现分层次的生物特征识别，从而减少等待识别结果的时间，减轻生物识别技术从小规模应用向大规模应用转化时数据库不断扩大带来的检索时间过长的影响，这是任何一项成熟的生物识别技术从小规模应用向大规模应用转化时不可避免的问题。

虽然可以使用并行计算技术来减少每次识别的时间，如果有一个生物特征粗分类的方法就可以实现分层次的生物识别：根据生物特征向量将数据库中所有的模板分成若干个大类，在大规模识别时首先判断输入生物特征所属的大类，然后和这个大类的数据库模板进行比对，这样就可以（至少从期望值）减少等待识别结果的时间。例如指纹可以根据奇异点的个数和位置信息分成拱形、尖拱形、左旋形、右旋形和旋涡形等几个大类。在虹膜识别研究领域也有人利用分形维特征将虹膜数据库分成四大类。这些分类方法的准确率都高于 90%，结果是令人鼓舞的。利用生物特征模式还可以实现人种分类、性别分类等。所以生物特征粗分类和数据库检索技术将是一个很有前途的研究方向，下一步研究的重点是增加类别数，提高分类的准确率。

3.7.9　生物特征识别系统性能评价

生物特征识别系统性能评价技术受测试样本的数量、质量、评估指标等因素的影响，性能指标的确定也需考虑多种参数。由于任何生物特征识别系统或方法出错的概率不可消除，因此，生物特征识别系统性能评价技术也成为生物特征识别系统必不可少的一部分，其性能评价也成为生物特征识别研究的一个重要方向。

对于 1:1 比对的身份验证系统，错误有两种情况：一是把不同人的生物特征识别为同一类，称为错误接收；另一种可能是把同一人的生物特征识别为不同类，称为错误拒绝。一般可以从理论和实验两个方面评估一个生物识别方法的性能指标。从理论方面可以研究生物特征的性质，即对影响错误接收和错误拒绝的各种参数进行准确建模，从每种生物特征识别方法的本质和机理出发给出理论上可以取得的错误率的下界。这个工作是很有意义也是难度很大的。例如司法界对通过指纹匹配结果来指认罪犯还存在着很大争议，虽然有研究人员宣称地球上找不到指纹特征完全相同的两个人，但是在自动或者人工指纹识别系统中，到底需要多大的相似度才可以完全确认两枚指纹的同源性？识别出错的准确概率到底是多少？已经有研究人员对这个问题进行了比较深入的研究，但是并没有完全解决好这个问题。

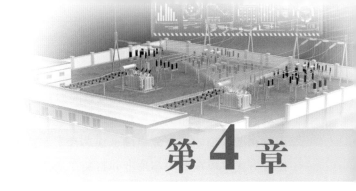

第 **4** 章

人工智能在变电站（换流站）应用支撑技术

> 4.1 智能传感器技术 <

4.1.1 智能传感器概念及基本结构

智能传感器是指具有自动状态（物理量、化学量及生物量）感知、信息分析处理和实时通信交换、动态信息存储的多元件集成电路，是集传感器、通信芯片、微处理器、驱动程序、软件算法等于一体的系统级产品。

智能传感器基本结构如图 4-1 所示，一般包含传感单元、计算单元和接口单元。传感器单元负责信号采集、计算单元根据设定对输入信号进行处理，再通过网络接口与其他装置进行通信。智能传感器的实现可以采用模块式（将传

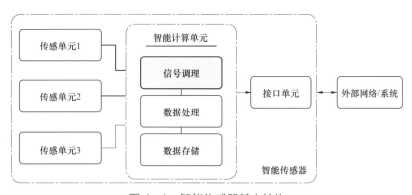

图 4-1　智能传感器基本结构

感器、信号调理电路和带总线接口的微处理器组合成一个整体）、集成式（采用微机械加工技术和大规模集成电路工艺技术将敏感元件、信号调理电路、接口电路和微处理器等集成在同一块芯片上）或混合式（将传感器各环节以不同的组合方式集成在数块芯片上并封装在一个外壳中）等结构。

智能传感器技术发展的共性需求集中在小型化、网络化、数字化、低功耗、高灵敏度和低成本，传感材料、MEMS 芯片、驱动程序和应用软件是智能传感器的核心技术，特别是 MEMS 芯片由于具有体积小、重量轻、功耗低、可靠性高并能与微处理器集成等特点，已成为智能传感器的重要载体。

4.1.2　智能传感器分类

智能传感器与传统传感器相比增加了信息处理与传输等功能，是传感器集成化与微处理器相结合的产物，其"感知"功能实现的基础仍然是敏感单元（即传感器）部分。智能传感器体系的构建继续采用以"被测量+工作原理"为分类依据较为直观和清晰，同时考虑到传感器是典型的应用为导向的产品，智能传感器的市场机遇主要来自下游应用的强劲拉动，为更直观地体现智能传感器的行业现状与发展需求，在编制智能传感器型谱体系时，以"被测量+工作原理+应用领域"为基本分类依据，围绕智能传感器市场应用规模较大的消费电子、汽车电子、工业电子和医疗电子四个领域展开体系架构，并补充各类产品的技术特点、国内外代表企业、市场需求等信息。力图通过智能传感器产品型谱体系的构建，发掘出智能传感器产品不同类别的技术难易程度、市场需求量大小、重要性等关键特点，为全面规划产品系列化发展、支持核心关键技术重点突破提供依据。

智能传感器型谱体系总体架构参考 GB 7665—2005《传感器通用术语》中分类原则，并结合智能传感器应用特点进行构建，总体系框架如图 4−2 所示。第一层级包括物理量智能传感器、化学量智能传感器、生物量智能传感器三大类，第二层级继续以"被测量"为分类依据给出三大类传感器中典型的智能传感器产品，第三层级按照"工作原理+应用领域"的分类依据具体展开。

4.1.2.1　物理量智能传感器

物理量智能传感器是指能感受规定的物理量并转换成可用输出信号的传感器，被测物理量可简单归纳为力、热、声、光、电、磁六大类，对应传感器为

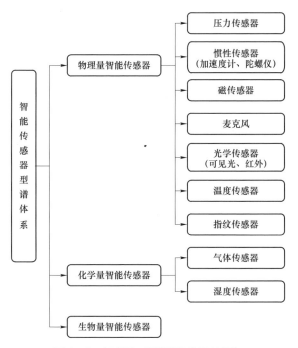

图 4-2　智能传感器型谱体系总框架

力学量传感器、热学量传感器、声学量传感器、光学量传感器、电学量传感器、磁学量传感器。每一大类传感器中又包括多个种类的被测量，如力学量传感器包括压力传感器、惯性传感器、位移传感器、位置传感器、流量传感器、速度传感器、尺度传感器、密度传感器等，热学量传感器包括温度传感器、热流传感器，光学量传感器包括可见光传感器、红外传感器、紫外传感器、射线传感器等，声学量传感器包括空气声传感器（如麦克风）、水声传感器（如水听器），电学量传感器包括电压传感器、电流传感器、电场强度传感器等。

4.1.2.2　化学量智能传感器

化学量智能传感器是指能够感受规定化学量并转换成可用输出信号的传感器，主要包括气体传感器、湿度传感器、离子传感器等，在智能传感器领域应用广泛的主要为气体传感器。近年来，随着互联网与物联网的高速发展，气体传感器在智能家居、可穿戴设备、智能移动终端、汽车电子等领域的应用突飞猛进，大幅扩展了应用空间，同时，近年来随着空气质量的下降和环境的污染，空气质量监测与控制成为人们关注的热点，很多气体传感器制造商也开始大量设计生产颗粒物传感器、气体和颗粒物传感器。湿度传感器的湿敏元件分为电阻式和电容式两种，在实际应用中多与温度传感器组合，形成温湿度一体传感器。温湿度一体化传感器在消费电子和物联网等领域应用广泛，体积小、功耗低、成本低、集成度高的 IC 半导体温湿度传感器将得到更大的推广应用。

4.1.2.3　生物量智能传感器

生物量智能传感器是指能够感受规定生物量并转换成可用输出信号的传感器，按照被测量分类，生物量智能传感器包括生化量传感器和生理量传感器。其中生化量传感器包括酶传感器、免疫传感器、微生物传感器、生物亲和性传感器和各种血液指标传感器。生理量传感器包括血压传感器、脉搏传感器、心音传感器、呼吸传感器、体温传感器、血流传感器等。生物传感器具有较高的选择性，主要用于临床诊断检查、治疗时实施监控等领域。随着医疗系统对便携式、可穿戴医疗设备需求的提升，给能及时、按需实现患者体征指标监测的生物传感器带来了巨大的市场机遇，如通过智能手表测量血糖等。生物量传感器属高价值传感器，其设计与应用需考虑生物信号的特殊性、复杂性，考虑生物相容性、可靠性、安全性等，技术含量较高，目前我国尚未有成熟的产品系列，仍高度依赖进口。

4.1.3　智能传感器产业链现状

4.1.3.1　智能传感器产业情况

当前，智能传感器市场约占全部传感器市场的四分之一，产业发展迅猛。欧洲、美国、日本等国家和地区在智能传感器领域具有良好的技术基础，产业上下游配套成熟，几乎垄断了"高、精、尖"智能传感器市场。

根据 Global Market Insights 数据统计，2015 年美洲地区占据了全球智能传感器市场的最大份额，亚太地区（中国、日本、韩国、印度、澳大利亚）位居第二，占据了 23% 的市场份额。美洲地区预计在 2022 年前将一直主导智能传感器市场。而亚太地区由于汽车和消费电子领域等下游产业的带动，则成为市场规模增长最快的地区。全球智能传感技术创新进程迅速，基于新材料、新原理、新工艺、新应用的产品不断涌现，部分产品已大量应用，如指纹传感器、心率传感器、虹膜传感器等。集成电路、MEMS 芯片以及纳米材料科技的进步，促进了智能传感器的快速发展，也促进了智能传感器的快速应用。如低成本、小微型化节点的纳米传感器在构建各类物联网的进程中拥有可观的发展前景和巨大的应用潜力，产品可以大量布撒，形成无线纳米传感器网络，使纳米传感器的探测能力大大扩展，为气候监测与环境保护等领域带来革命性的变化，有望成为推动世界范围内新一轮科技革命、产业革命和军事革命的"颠覆性"技术。

智能传感器行业具有技术壁垒较高、产业细分环节多而分散等特点，目前国内市场机遇主要来自下游新兴应用的强劲拉动。得益于国内应用需求的快速发展，我国已形成涵盖芯片设计、晶圆制造、封装测试、软件与数据处理算法、应用等环节的初步的智能传感器产业链，但目前存在产业档次偏低、企业规模较小、技术创新基础较弱等问题。如部分企业引进国外元件进行加工，同质化较为严重；部分企业生产装备较为落后、工艺不稳定，导致产品指标分散、稳定性较差。总体来看，目前我国智能传感器技术和产品滞后于国外及产业需求，一方面表现为传感器在感知信息方面的落后，另一方面表现在传感器在智能化和网络化方面的落后。由于没有形成足够的规模化应用，国内多数传感器不仅技术水平较低，而且价格高，在市场上竞争力较弱。

4.1.3.2　智能传感器产业链技术

智能传感器整体行业特点是技术壁垒较高，细分环节多而分散，目前市场机遇主要来自下游新兴应用的强劲拉动作用。产业链主要包括芯片设计、晶圆制造、封装测试、软件与芯片解决方案、应用几个技术环节，如图 4-3 所示。

图 4-3　智能传感器产业链构成

（1）研发与芯片设计。传感器的设计技术涉及多种学科、多种理论、多种材料、多种工艺及现场使用条件；设计软件价格昂贵、设计过程复杂、考虑因子众多，国内尚无一套具有自主知识产权的真正好用的传感器设计软件。设计人员不仅需要了解通用设计程序和方法，还需要熟悉器件制备工艺，了解器件现场使用条件。由于设计环节技术壁垒极高，国内具有主芯片设计能力的企业不多，据估测智能传感器芯片的国产化率不足 10%。

（2）晶圆制造。传感器制造技术分为薄膜技术和 MEMS 技术。整个传感器产业链上最为核心的当属晶圆制造环节，包括材料体系、工艺、设备和厂房等的支撑。由于晶圆制造对工艺及设备要求非常高，投入资金巨大，国内绝大部分厂商以无晶圆厂模式居多。国内有少数几家具备晶圆生产线的公司，尽管硬件条件与国际水平相近，但是工艺技术和经验无法达到国外工厂规模生产的标准。因此大多数本土设计公司更愿意同 TSMC（台积电）、Silex Microsystems 等成熟的代工厂合作。这也是国内传感器行业难以实现完全的 IDM 模式的根本原因。

（3）封装测试。国内企业在智能传感器封测环节渗透率较高，越来越多的厂商进军封装行业。封装结构和封装材料会影响传感器的迟滞、时间常数、灵敏度、寿命等性能，从制造成本看，传感器的封装成本通常为总成本的 30%～70%。国内传感器封装技术标准化程度较低，没有统一的接口标准，产品外形千差万别，不利于用户选用和产品互换。MEMS 测试技术经过 20 年不断发展，国内已有达到国际标准的测试工厂，但晶圆级测试系统仍然存在准确度和一致性检验的问题，验证手段与国际先进水平尚有差距。

（4）软件与芯片解决方案。本土企业在传感器配套的软件环节中渗透率较低，被欧美如博世、应美盛等自带软件算法的 IDM 企业垄断，技术与国际水准仍有差距。但是在传感器芯片及解决方案环节中，中小规模技术型企业在新兴应用场景中的渗透正在加速。

4.1.4 典型变电站应用智能传感器技术

4.1.4.1 光学传感器

光学智能传感器按照感测波段的不同分为可见光传感器、红外光传感器和激光传感器等。

（1）可见光传感器。可见光传感器主要包括化合物可见光传感器、硅 PN 结型可见光传感器和硅阵列型可见光传感器（即图像传感器）。图像传感器的主要实现方式有 CMOS 和 CCD 两种技术，CCD 图像传感器具备成像质量高、灵敏度高、噪声低、动态范围大的优势，但 CMOS 图像传感器成本仅为 CCD 图像传感器的 1/3 左右、功耗低且读取方式简单，广泛应用于手机摄像头、数码相机、AR/VR 设备、无人机、先进驾驶辅助系统、机器人视觉等领域，近年来增长迅速。

变电站网络架构复杂、设备繁多，巡检工作比较繁重，先进电力巡检产品应运而生。可见光成像技术应用最早也最广泛，产品从最初巡检相机逐步发展成多光合成的巡检产品。目前，可见光成像技术大多与其他成像技术结合，产生了新一代巡检产品，在配电网领域逐步得到推广和应用。电力可穿戴巡检中，三光融合一体机集成可见光、红外光和紫外光，应用于专业级多谱段电力综合检测。三光融合一体机可全天候综合判断电力设备故障，同时发现不同类型故障和问题，大大提升巡检效率。从功能上来看，典型机器视觉系统可以分为图像采集部分、图像处理识别部分、输出显示或运动控制部分。视觉检测系统组成如图 4-4 所示。

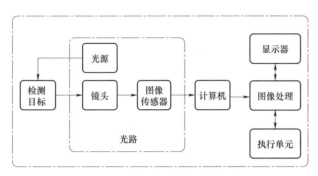

图 4-4　机器视觉的系统组成

（2）红外传感器。红外传感器具有精度高、检测范围宽、不易受外界环境干扰等优点，近年来随着技术的提高和成本的大幅降低，在工业检测、智能家居、节能控制、气体检测、移动智能终端、火灾监控、家庭安防等商业应用的需求迅速提升，新兴的自动驾驶和商用无人机技术扩大了非制冷红外成像的市场需求。红外传感器包括单元红外传感器、阵列红外传感器和焦平面红外传感器三大类别。

单元红外传感器主要为热传感器，成本较低，使用简单，主要应用于自动感应、人体存在检测、入侵报警、非色散气体检测、工业测温、人体测温等领域，但用于光谱仪、气体检测等高灵敏度、高性能器件依靠进口。阵列红外传感器主要为热传感器，成本适中、可同时输出图像及温度数据，其中微测辐射热计型与国外水平相近，但国内供应商与大型集成商如智能楼宇控制、消防火警等应用的对接能力较弱，市场占有率较低。热电堆型阵列红外传感器国内暂无厂商具备生产能力。焦平面红外传感器在过去的10 年里，市场主要由国防需求驱动，包括非制冷型和制冷型焦平面红外传感器（或称探测器），非制冷型焦平面红外传感器相对于制冷型产品，具有体积小、重量轻、寿命长等特点，由于成本大幅降低，在工业测温热像仪、安防监控、汽车辅助驾驶、建筑检测、电力机器人等装备中大量应用，而制冷型焦平面红外传感器由于成本较高，主要用于红外导引头、卫星等军事和航空航天领域。

红外热成像技术是诊断变电设备热缺陷的先进技术，对及时发现、预防与处理重大事故发生起到关键作用并能有效提高设备运行稳定性,为开展设备状态检修创造了条件。红外热成像仪能对故障点精确定位,显示发热轮廓和温度并通过记录设备贮存,以便专家分析解决问题,保证快速、便捷、安全、实用。目前,红外热成像技术被广泛应用于变压器、配电箱、跌落式熔断器等电气设备检测。红外辐射与物体本身温度满足一定函数关系,被测物体表面温度越高,辐射能量也越多。黑体红外辐射基本规律反映了红外辐射强度和波长随温度变化的定量关系,满足的基本规律主要有普朗克辐射定律、维恩位移定律、斯蒂芬·玻尔兹曼定律等。红外热成像仪一般由光学系统、红外探测器、信号处理系统与显示系统 4 部分组成,如图 4-5 所示。

图 4-5　红外热成像仪组成结构

(3)激光传感器。激光传感器可提供高分辨率的辐射强度几何图像、距离图像、速度图像,具有分辨率高、精度高、抗有源干扰能力强的特点,是无人驾驶的最佳技术路线。激光传感器普遍应用于激光雷达设备,其中,激光雷达可以分为一维激光雷达、二维激光雷达、三维激光扫描仪、三维激光雷达等。

其中一维激光传感器主要用于测距测速等,二维激光传感器主要用于轮廓测量、物体识别、区域监控等,三维激光传感器可以实现实时三维空间建模。电力机器人三维激光传感器一般安装在车体前部,可以高速旋转,以获得周围空间的点云数据,从而实时绘制出车辆周边的三维空间地图;同时,激光传感器还可以测量出周边其他物体在三个方向上的距离、速度、加速度、角速度等信息,再结合 GPS 地图计算出机器人的位置,这些庞大丰富的数据信息传输给 ECU 分析处理后,供机器人快速做出判断,如图 4-6 和图 4-7 所示。

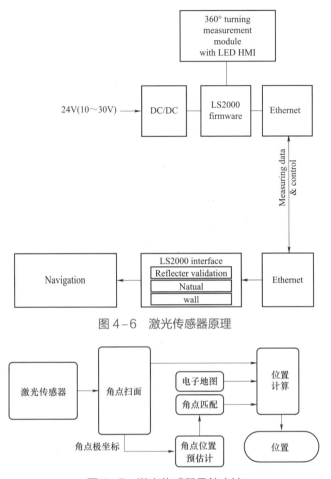

图 4-6　激光传感器原理

图 4-7　激光传感器导航方法

4.1.4.2　超声波传感器

目前基于配网电力巡检机器人局部放电检测系统已经大量应用，实现了基于超声波、地电波原理的局部放电检测功能及数据的集成化管理，极大地提升了局部放电检测的效率，节约了大量的人力物力成本。图 4-8 为配网电力巡检机器人正在利用超声波传感器对开关柜进行局部放电检测。

（1）超声波传感器的基本工作原理

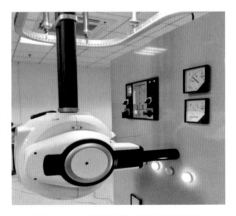

图 4-8　超声波传感器应用场景

及结构组成。局部放电产生的音频信号出现在整个声音频谱范围，仅靠分辨可听见的声音并不能可靠地判断电气设备的放电程度，而且还必须依赖人耳的听觉能力，必须使用比人耳更灵敏的检测设备才能减少人为因素带来的辨别误差。最常见的做法是采用中心频率 40kHz 左右的超声波传感器来采集超声波放电信号。只要保证放电源跟超声波传感器之间存在着空气通道就可以很容易检测到局部放电信号。超声波传感器主要是压电晶体、锥形共振盘、金属网罩、引线端子组成，如图 4-9 所示。

图 4-9　超声波传感器应用场景

（2）地电波传感器基本原理与结构组成。开关柜内部发生局部放电时会产生射频无线电波，此波段射频信号通过柜体门缝、玻璃窗或者其他非金属缺口散发出来，同时会在金属柜体产生一个暂态地电压信号（简称地电波），地电波信号是一种持续时间非常短的暂态电压，其幅值瞬间可达到几毫伏至几百毫伏，在开关柜外部放置专用的容性传感器可检测到这种地电压信号，如图 4-10 所示。

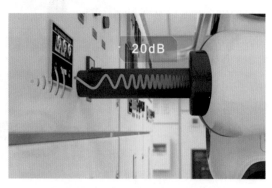

图 4-10　地电波传感器应用场景

（3）特高频传感器的基本工作原理及结构组成。电力设备绝缘体中绝缘强度和击穿场强都很高，当局部放电在很小的范围内发生时，击穿过程很快，将产生很陡的脉冲电流，其上升时间小于 1ns，并激发频率高达数吉赫兹的电磁波。局部放电检测特高频（UHF）法的基本原理是通过 UHF 传感器对电力设备中局部放电时产生的超高频电磁波（$300MHz \leqslant f \leqslant 2GHz$）信号进行检测，从而获得局部放电的相关信息，实现局部放电检测。作为电气设备绝缘性能评估，特高频检测可将局部放电传感器放在停靠在距离金属柜体缝隙 5～10cm 处位置来实现特高频放电信号的测量测试，如图 4－11 所示。

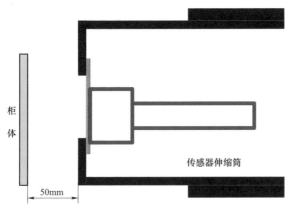

图 4－11　特高频放电信号测量测试

4.1.4.3　温度传感器

温度传感器的发展大致经历了以下三个阶段：传统的分立式温度传感器（含敏感元件）、模拟集成温度传感器、智能温度传感器。目前国际上新型温度传感器正从模拟式向数字式，由集成化向智能化、网络化的方向发展。

模拟集成温度传感器是将温度传感器集成在一个芯片上，可完成温度测量及模拟信号输出功能的专用 IC。模拟集成温度传感器的主要特点是功能单一（仅测量温度）、测温误差小、价格低、响应速度快、传输距离远、体积小、微功耗等，适合远距离测温、控温，不需要进行非线性校准，外围电路简单，是目前应用较为普遍的一种温度传感器。

智能温度传感器（也称数字温度传感器）是在 20 世纪 90 年代中期问世的，它是微电子技术、计算机技术和自动测试技术（ATE）的结晶。目前，国际上已开发出多种智能温度传感器系列产品。智能温度传感器内部都包含温度传感器、A/D 转换器、信号处理器、存储器（或寄存器）和接口电路。有的产品还带多路选择器、中央控制器（CPU）、随机存取存储器（RAM）和只读存储器（ROM）。智能温度传感器的特点是能输出温度数据及相关的温度控制量，适配各种微控制器（MCU）；并且它是在硬件的基础上通过软件来实现测试功能的，其智能化程度也取决于软件的开发水平。早期推出的智能温度传感器，采用的是 8 位 A/D 转换器，其测温精度较低，分辨力只能达到 1℃。目前，国外已相继推出多种高精度、高分辨率的智能温度传感器，所用的是 9～12 位 A/D 转换器，分辨率一般可达 0.5～0.0625°C。进入 21 世纪后，智能温度传感器正朝着高精度、多功能、总线标准化、高可靠性及安全性、开发虚拟传感器和网络传感器、研制单片测温系统等高科技的方向迅速发展。

4.1.4.4 定位导航传感器

（1）GNSS 定位。全球导航卫星系统（Global Navigation Satellite System，GNSS），泛指所有的卫星导航系统，包括全球性如中国的北斗卫星导航系统（Bei Dou Navigation Satellite System，BDS）、美国的全球定位系统（GPS）、俄罗斯的格洛纳斯（GLONASS）和欧洲的伽利略（Galileo）以及相关的增强系统，如美国的 WAAS（广域增强系统）、欧洲的 EGNOS（欧洲静地导航重叠系统）和日本的 MSAS（多功能运输卫星增强系统）等，还包括部分区域系统如日本的 QZSS 系统和印度的 IRNSS 系统等。以北斗卫星导航系统为例，系统主要由卫星星座、地面监控站、用户设备三部分组成，形成覆盖全球范围的服务，为全球用户提供导航定位、实时授时、短电文播报等服务。在配网系统中 BDS 应用广泛，如自主变电机器人的导航定位等。

北斗卫星导航系统技术的基本原理是测量出已知位置的卫星到用户接收机之间的距离，然后综合多颗卫星的数据就可知道接收机的具体位置。在空间中若已经确定 A、B、C 三点的空间位置且第四点 D 到上述三点的距离皆已知的情况下，可以确定 D 的空间位置。原理如下：A 点位置和 AD 间距离已知，可推算出 D 点一定位于以 A 为圆心、AD 为半径的圆球表面，按照此方法又可以得到以 B、C 为圆心的另两个圆球，即 D 点一定在这三个圆球的交汇点上，即三球交汇定位，如图 4-12、图 4-13 所示。

参照三球交汇定位原理，根据 3 颗卫星到用户终端的距离信息和三维距离公式，列出 3 个方程得到用户终端位置信息，即理论上使用 3 颗卫

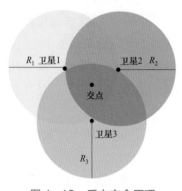

图 4-12 后方交会原理

星就可达成无源定位。但由于卫星时钟和用户终端使用时钟间一般会有误差，而电磁波以光速传播，微小的时间误差将会使得距离信息出现巨大失真，实际上应当认为时钟差距不是 0 而是一个未知数 t，如此方程中就有 4 个未知数，即客户端的三位坐标（X，Y，Z）以及时钟差距 t，故需要 4 颗卫星来列出 4 个关于距离的方程式，最后才能求得答案，即用户端所在的三维位置，根据此三维位置可进一步换算为经纬度和海拔高度。

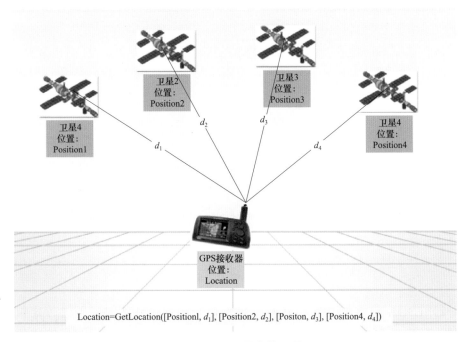

图 4-13　卫星定位原理

（2）导航定位传感器。常见的室内定位主要采用 UWB 定位、WIFI 定位、蓝牙定位、RFID 定位等，从而实现人员、物体等在室内空间中的位置监控。UWB 定位目前主要应用于在变电站、发电厂日常运维工作，实现对现场人员实时、全程、高精度的坐标轨迹跟踪，全方位了解和记录现场情况。

UWB（超宽带）技术是一种脉冲无线电技术，它与传统的通信技术有很大差异，它不是利用载波信号来传输数据，而是通过收发信机之间的纳秒级极短脉冲来完成数据的传输。UWB 常见定位算法包括到达时间或时间差（TOA 或 TDOA）、接收信号强度（RSS）、到达角度（AOA），其中 TOA 和 TDOA 是目前主流方法。

1）TOA 的定位方式。被测点（标签）发射信号到达 3 个以上的参考基站，通过测量到达不同基站所用的时间，得到发射点与接收点之间的距离，然后以接收机为圆心，以所测得的距离为半径作圆，3 个圆的交点即为被测点所在的位置如图 4−14 所示。但是 TOA 要求参考节点与被测点保持严格的时间同步，多数应用场合无法满足这一要求。该方法实现过程中需要测得 UWB 定位标签与每个基站的距离信息，从而定位标签需要与每个基站进行来回通信，因此定位标签功耗较高。该定位方法的优势在于在定位区域内外（基站围成区域的内外），都能保持很高的定位精度。

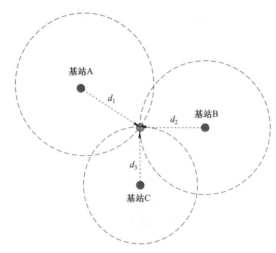

图 4−14　TOA 定位二维几何模型

2）TDOA 的定位方式。TDOA 定位是一种利用到达时间差进行定位的方法，又称为双曲线定位。标签卡对外发送一次 UWB 信号，在标签定位距离内的所有基站都会收到无线信号，如果有两个已知坐标点的基站收到信号，标签和基站的距离间隔不同，因此这两个收到信号的时间节点是不一样的，根据数学关系，到已知两点为常数的点，一定处于以这两点为焦点的双曲线上，如图 4−15 所示。TDOA 不需要 UWB 定位标签与定位基站之间进行往复通信，只需要定位标签发射一次 UWB 信号，工作时长缩短，功耗大大降低。

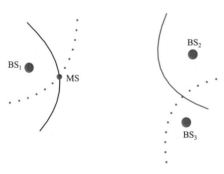

图 4−15　TDOA 定位双曲线模型

》 4.2　AI 芯 片 技 术 《

AI 芯片一般是泛指所有用来加速 AI 应用，特别是基于神经网络的深度学习应用的硬件，它可以是一颗独立的芯片，也可以是芯片中的模块，其基本技术都是相关的。

2012～2018 年，训练神经网络模型需要的计算量呈指数型增长。一方面是因为使用的神经网络模型的规模越来越大；另一方面是要训练这样的模型需要更大的数据集。这个规律被称为 AI 的摩尔定律。

近 10 年，通用处理器性能的增长已经非常缓慢了，很难达到实际的摩尔定律最初的预测。

综合来说，AI 计算的需求爆炸性增长，而通用处理的处理能力很难提升，这中间就出现一个很明显的代沟。今天的 CMOS 硅技术正在接近其尺寸的基本物理极限，摩尔定律的延续性已经变得越来越具有挑战性。这意味着电子产品和设备的性能增益不再仅仅依赖于器件特征尺寸的缩小，人们有必要发明新的 IT 技术或新的计算原理，以满足应用对计算能力和低功耗等方面不断增长的需求，而人工智能的出现为突破这种局限性提供了无限可能。

所以，一个很直接的想法就是，如果通用处理器不能满足 AI 计算的需求，是否可以设计针对 AI 计算的专用处理器呢？答案当然是肯定的，这也就是领域专用计算的概念。一般来说，一个领域是不是适合开发专用的处理器有两个条件，第一是这个领域的应用需求足够大，有很强的动力驱动相应的研发投入；第二是这个领域的计算模式限定在一个较小的集合，这样才有可能用专用硬件来对这些特定的运算进行加速。AI 领域正好满足这两个条件。因此，AI 芯片设计是一个典型的领域专用计算问题，也就是 Domain Specific Computing。

4.2.1　人工智能芯片的发展

自 20 世纪 50 年代开始，人类对人工智能技术的探索从来就没有停止过。"人工智能"一词是由科学家约翰·麦卡锡（John McCarthy）、克劳德·香农（Claude Shannon）和马文·明斯基（Marvin Minsky）于 1956 年在达特茅斯会议上提出的，从此揭开了人工智能研究的序幕。1962 年 Rosenblatt 出版的《神经动力学原理》及其 1957 年设计的模拟计算器，被视作深度神经网络模型的算法原型。1969 年，Minsky 与 Papert 出版《感知器》，指出单层神经网络训练出来的图像识别算法连对称图形都无法正确识别。

对于多层神经网络，由于人造神经元的运算极限严重受限于当时计算机的算力不足，导致多层神经网络也无法被当时和后来的计算机的芯片运算效能实现，这造成了人工神经网络领域在 1970 年代的寒冬时期。

1982 年，日本开始第五代计算机项目研究计划，同时美国也投入不少资源到第五代计算机的研发中，但最终依然无法解决图像和音讯识别的重大问题。1985 年，Hinton 与 Sejnowski 发表了之前被视为不可能实现的基于玻尔兹曼机的"多层神经网络"；1986 年，Rumelhart 和 Hinton 发表"BP 反向传播算法"；1989 年，贝尔实验室成功利用反向传播算法，在多层神经网络开发了一个手写邮编识别器；同年，Mead 出版 Analog VLSI and Neural Systems，开创了基于仿生芯片的神经形态工程领域。

1993 年，Yann Le Cun 的团队使用 DSP 在一台 486 计算机上实现深度学习算法，其作为推理芯片，已可辨识手写的数字。至此，通用芯片 CPU 的算力大幅提升，但仍无法满足多层神经网络的计算能力需求。2006 年，Hinton 提出受限玻尔兹曼机模型与深度信念网络，成功地训练多层神经网络，解决了反向传播算法局部最佳解问题，并把多层类神经网络称作"深度学习"，首次证明了大规模深度神经网络学习的可能性。2007 年，英伟达开发出统一计算架构（CUDA），研究人员透过 CUDA 可以轻松使用 C 语言开发 GPU，使得 GPU 具有方便的编程环境可以直接编写程序。

2008 年，英伟达推出 Tegra 芯片，作为最早的可用于人工智能领域的 GPU，如今已成为英伟达最重要的 AI 芯片之一，主要用于智能驾驶领域。2009 年，Rajat Raina 和吴恩达联合发表利用 GPU 完成深度学习训练的论文"Large-scale Deep Unsupervised Learning Using Graphic Processors"。2010 年，IBM 首次发布类脑芯片原型模拟大脑结构，该原型具有感知认知能力和大规模并行计算能力。

2012 年，Krizhevsky 与 Hinton 的团队采用 GPU 架构结合卷积神经网络（CNN）算法，在 ImageNet 大赛中，将图像识别错误率降到 18%，并在 NIPS 会议上发表图像识别论文"Image Net Classification with Deep Convolutional Neural Networks"。这一突破性的成果，让人们第一次惊喜地看到神经网络的算力需求可被现行计算设备满足。不过，这一成果也有它的美中不足：所使用的 GPU 架构芯片并非针对神经网络架构设计，其中包含许多运行神经网络时不需要的架构设计，因此效率提升有限。就在同一年，Google Brain 用 1.6 万个 GPU 核的并行计算平台训练 DNN 模型，在语音和图像识别等领域获得巨大成功，

2013 年 GPU 开始广泛应用于人工智能领域，高通公司发布 Zeroth。2014 年，中国科学研究院的陈天石博士（寒武纪创办人）团队发表以 DianNao 为名的人工智能专用加速芯片系列论文（包含 DaDianNao、PuDianNao、ShiDianNao、Cambricon-X），开启人工智能加速专用芯片（ASIC）的研究领域。也在同年，英伟达发布首个为深度学习设计的 GPU 架构 Pascal，IBM 发布第二代 TrueNorth。

2015 年，JasonCong 在当年的国际 FPGA 大会上，发表 1 篇 FPGA 加速 DNN 算法的论文 "Optimizing FPGA-based Accelerator Design for Deep Convolutional Neural Networks"，使得 FPGAs 迅速大火。很快，2016 年，Google 发表 TensorFlow 框架设计的 TPU 芯片，而同年，采用 TPU 架构的 AlphaGo 出现，并击败人类世界冠军棋士李世石。还是在同年，寒武纪研发出 DIANNAO，FPGA 芯片在云计算平台得到广泛应用。仅仅在 2017 年，GoogleTPU2.0 发布，加强了训练效能；英伟达发布 Volta 架构，推进 GPU 的效能大幅提升；华为麒麟 970 成为首个手机 AI 芯片；清华大学魏少军教授团队开发出 Thinker 原型，并随后推出在算力和能效方面具有国际水平的系列 Thinker 人工智能芯片。

2020 年，英伟达继续发布新的 GPU 芯片 A100，其孕育了三年的旗舰计算 GPU 新品，一经问世便犹如惊雷，引入结构化稀疏后，AI 训练峰值算力达 312TFLOPS，AI 推理峰值算力达 1248TOPS，均较上一代 Volta 架构 GPU 提升 20 倍，实现了英伟达史上最大的性能飞跃。搭载 8 个 A100 的英伟达 DGX A100 系统，单节点 AI 算力达到创纪录的 5PFLOPS，5 个 DGX A100 组成的一个机架，算力可媲美一个 AI 数据中心。

2020 年 6 月 19 日，Intel 发布了 Stratix 10 FPGA 系列的新产品 Stratix 10 NX。Stratix 10 NX 被称作第一款专为 AI 优化的 FPGA，通过定制硬件集成了高性能 AI，可带来高带宽、低延迟的 AI 加速。

Stratix 10 NX 采用了 EMBI 整合封装，将核心芯片、HBM 存储、I/O 扩展集成在一起。其中核心芯片采用 14nm 工艺制造，拥有高性能 "AI Tensor Block"（张量区块），支持 INT4、INT8、FP16、FP32 等格式，其中 INT8 整数计算性能最大可以达到现有 Stratix 10 MX 方案的 15 倍，而且可以针对不同的 AI 工作负载进行硬件编程，更加灵活高效。Stratix 10 NX 可应用于包括语音识别、语音合成等自然语言处理场景，深度包检测、拥塞控制识别、反欺诈等安全场景，内容识别、视频预处理和后期处理等实时视频分析场景，如图 4-16 所示。

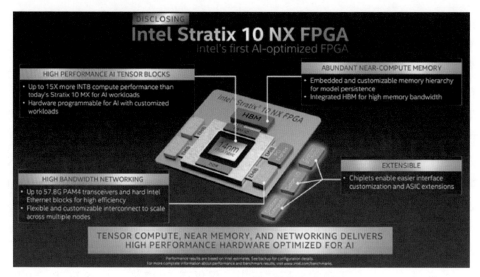

图 4-16　Stratix 10 NX 芯片构成介绍

4.2.2　传统CPU的发展

4.2.2.1　传统 CPU 困局

自从 20 世纪 60 年代早期开始，CPU（中央处理器）开始出现并应用在计算机工业中。现如今，虽然 CPU 在设计和实现上都发生了巨大变化，但是基于冯·诺依曼架构的 CPU 基本工作原理却一直没有发生很大变化。如图 4-17 所示，冯·诺依曼架构分为中央处理单元（CPU）和存储器，CPU 主要由控制器和运算器两大部件组成。在工作时，CPU 每执行一条指令都需要从存储器中读取数据，根据指令对数据进行相应的操作，因此 CPU 不仅负责数据运算，而且需要执行存储读取、指令分析、分支跳转等命令。同时可以通过提升单位时间

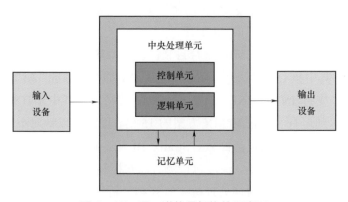

图 4-17　冯·诺依曼架构的示意图

内执行指令的条数，即主频，来提升计算速度。但在人工智能深度学习领域中程序指令相对较少，而对大数据的计算需求很大，需要进行海量的数据处理。当用 CPU 执行 AI 算法时，CPU 将花费大量的时间在数据/指令的读取分析上，在一定的功耗前提下，不能够通过无限制地加快 CPU 频率和内存带宽来达到指令执行速度无限制的提升。因此在这种情形下，传统 CPU 结构缺点明显，在人工智能芯片领域中的算力瓶颈问题很难解决。

4.2.2.2　传统 CPU 分类

基于 CPU 的算力问题，近年来人工智能芯片领域的科学家们进行了富有成果的广泛研究，主要集中在 AI 芯片目前的两种发展方向。一个方向是继续延续经典的冯·诺依曼计算架构，以加速计算能力为发展目标，主要分为并行加速计算的 GPU（图形处理单元）、半定制化的 FPGA（现场可编程门阵列）、全定制化的 ASIC（专用集成电路）。另一个方向就是颠覆传统的冯·诺依曼计算架构，采用基于类脑神经结构的神经拟态芯片来解决算力问题。下面将对这两个方向的人工智能芯片特点进行详细描述。

1. 按架构分类

（1）图形处理单元（Graphics Processing Unit，GPU）。GPU 是相对较早的加速计算处理器，具有速度快、芯片编程灵活简单等特点。由于传统 CPU 的计算指令遵循串行执行方式，不能发挥出芯片的全部潜力，而 GPU 具有高并行结构，在处理图形数据和复杂算法方面拥有比 CPU 更高的效率。在结构上，CPU 主要由控制器和寄存器组成，而 GPU 则拥有更多的逻辑运算单元（Arithmetic Logic Unit，ALU）用于数据处理，这样的结构更适合对密集型数据进行并行处理，程序在 GPU 系统上的运行速度相较于单核 CPU 往往提升几十倍乃至上千倍。同时，GPU 拥有更加强大的浮点运算能力，可以缓解深度学习算法的训练难题，释放人工智能的潜能。但是 GPU 也有一定的局限性。深度学习算法分为训练和推断两部分，GPU 平台在算法训练上非常高效，但在推断中对于单项输入进行处理的时候，并行计算的优势不能完全发挥出来。

（2）现场可编程门阵列（Field Programmable Gate Array，FPGA）。FPGA 是在 PAL、GAL、CPLD 等可编程器件基础上进一步发展的产物。其基本原理是在 FPGA 芯片内集成大量的基本门电路以及存储器，用户可以通过更新 FPGA 配置文件（即烧入）来定义这些门电路以及存储器之间的连线。这种烧入不是一次性的，因此它既解决了定制电路灵活性的不足，又克服了原有可编程器件门电路数有限的缺点。与 GPU 不同，FPGA 同时拥有进行数据并行和任务并行计算的能力，适用于以硬件流水线方式处理一条数据，且整数运算性能更高，因此常用于深度学习算法中的推断阶段。不过 FPGA 通过硬件的配置实现软件算法，因此在实现复杂算法方面有一定的难度。

将 FPGA 和 CPU 对比可以发现两个特点，一是 FPGA 没有内存和控制所带来的存储和读取部分，速度更快，二是 FPGA 没有读取指令操作，所以功耗更低。劣势是价格比较高，编程复杂，整体运算能力不是很高。功耗方面，从体系结构而言，FPGA 也具有天生的优势。在传统的冯氏结构中，执行单元（如 CPU 核）执行任意指令，都需要有指令存储器、译码器、各种指令的运算器及分支跳转处理逻辑参与运行，而 FPGA 每个逻辑单元的功能在重编程（即烧入）时就已经确定，不需要指令，无需共享内存，从而可以极大地降低单位执行的功耗，提高整体的能耗比。FPGA 最值得注意的例子可能是 CNP，它进一步改进并重命名为 NeuFlow，后来改编为 nn-X。这些设计可以实现 $10 \sim 100$km/s 操作（GOPS），功率仅为 10W 以下。

（3）专用集成电路（Application-Specific Integrated Circuit，ASIC）。目前以深度学习为代表的人工智能计算需求，主要采用 GPU、FPGA 等已有的适合并行计算的通用芯片来实现加速。在产业应用没有大规模兴起之时，使用这类 GPU、FPGA 已有的通用芯片可以避免专门研发定制芯片（ASIC）的高投入和高风险。但是，由于这类通用芯片设计初衷并非专门针对深度学习，因而天然存在性能、功耗等方面的局限性。随着人工智能应用规模的扩大，这类问题日益突显。

GPU 作为图像处理器，设计初衷是为了应对图像处理中的大规模并行计算。因此，在应用于深度学习算法时无法充分发挥并行计算优势。深度学习包含训练和推断两个计算环节，GPU 在深度学习算法训练上非常高效，但对于单一输入进行推断的场合，并行度的优势不能完全发挥。而且，GPU 采用 SIMT 计算模式，硬件结构相对固定，无法灵活配置硬件结构。此外，运行深度学习算法能效低于 FPGA。

虽然 FPGA 倍受看好，但首先，毕竟不是专门为了适用深度学习算法而研发，实际应用中为了实现可重构特性，FPGA 内部有大量极细粒度的基本单元，但是每个单元的计算能力都远低于 CPU 和 GPU 中的 ALU 模块；其次，为实现可重构特性，FPGA 内部大量资源被用于可配置的片上路由与连线，因此计算资源占比相对较低；再者，速度和功耗相对专用定制芯片（ASIC）仍然存在不小差距；最后，FPGA 价格较为昂贵，在规模放量的情况下单块 FPGA 的成本要远高于专用定制芯片。

因此，随着人工智能算法和应用技术的日益发展，以及人工智能专用芯片 ASIC 产业环境的逐渐成熟，全定制化人工智能 ASIC 也逐步体现出自身的优势。ASIC 是专用定制芯片，定制的特性有助于提高 ASIC 的性能功耗比，缺点是电路设计需要定制，相对开发周期长，功能难以扩展，但在功耗、可靠性、集成度等方面都有优势，尤其在要求高性能、低功耗的移动应用端体现明显。比如 Google 的 TPU、寒武纪的 GPU、地平线的 BPU 都属于 ASIC 芯片。

（4）神经拟态芯片（类脑芯片）。在人工智能芯片中，传统的冯·诺依曼架构存在着"冯·诺依曼瓶颈"，它降低了系统的整体效率和性能。为了从根本上克服这个问题，神经形态计算近年来已成为基于冯·诺依曼系统的这些传统计算架构的最有吸引力的替代方案。术语"神经形态计算"首先由 Mead 在 1990 年提出，它是一种受大脑认知功能启发的新计算范式。与传统的 CPU/GPU 不同，生物脑（例如哺乳动物的大脑）能够以高效率和低功耗在小区域中并行处理大量信息。因此，神经形态计算的最终目标是开发神经形态硬件加速器，模拟高效生物信息处理，以弥合网络和真实大脑之间的效率差距，这被认为是下一代人工智能的主要驱动力。

神经拟态芯片不采用经典的冯·诺依曼架构，而是基于神经形态架构设计，是模拟生物神经网络的计算机制，如果将神经元和突触权重视为大脑的"处理器"和"记忆"，它们会分布在整个神经皮层。神经拟态计算从结构层面去逼近大脑，其研究工作可分为两个层次，一是神经网络层面，与之相应的是神经拟态架构和处理器，以 IBM Truenorth 为代表，这种芯片把定制化的数字处理内核当做神经元，把内存作为突触。

神经拟态芯片的逻辑结构与传统冯·诺依曼结构不同：内存、CPU 和通信部件完全集成在一起，因此信息的处理在本地进行，克服了传统计算机内存与 CPU 之间的速度瓶颈问题。同时神经元之间可以方便快捷地相互沟通，只要接收到其他神经元发过来的脉冲（动作电位），这些神经元就会同时做动作；神经元与神经突触层面，与之相应的是元器件层面的创新。如 IBM 苏黎世研究中心宣布制造出世界上首个人造纳米尺度的随机相变神经元，可实现高速无监督学习。

当前，最先进的神经拟态芯片仍然远离人类大脑的规模（1010 个神经元，每个神经元有 103～104 个突触），至多达到 104 倍，见表 4-1。为了达到在人脑中的规模，应将多个神经拟态芯片集成在电路板或背板上，以构成超大规模计算系统。神经拟态芯片的设计目的不再仅仅局限于加速深度学习算法，而是在芯片基本结构甚至器件层面上改变设计，希望能够开发出新的类脑计算机体系结构，比如采用忆阻器和 ReRAM 等新器件来提高存储密度。这类芯片技术尚未完全成熟，离大规模应用还有很长的距离，但是长期来看类脑芯片有可能会带来计算机体系结构的革命。

表 4-1　　　　　　　　　　最先进的大规模神经形态系统

项目	神经元数量	突触数量	功耗	大小
Neurogrid	1M	8B	3W	16-chip board
IBM TrueNorth	1M	256M	0.07W	1 chip
IBM TrueNorth NS16e	16M	4G	0.88W	16-chip board
SpiNNaker	250K	80M	48W	48-chip board
FACETS	180K	40M	N/A	$5mm^2$-chip wafer（200mm）

2. 按功能分类

根据机器学习算法步骤，可分为训练（training）和推断（inference）两个环节。训练环节通常需要通过大量的数据输入，训练出一个复杂的深度神经网络模型。训练过程由于涉及海量的训练数据和复杂的深度神经网络结构，运算量巨大，需要庞大的计算规模，对于处理器的计算能力、精度、可扩展性等性能要求很高。目前市场上通常使用英伟达的 GPU 集群来完成，Google 的TPU2.0/3.0 也支持训练环节的深度网络加速。

推断环节是指利用训练好的模型，使用新的数据去"推断"出各种结论。这个环节的计算量相对训练环节少很多，但仍然会涉及大量的矩阵运算。在推断环节中，除了使用 CPU 或 GPU 进行运算外，FPGA 以及 ASIC 均能发挥重大作用。表 4-2 是 4 种技术架构的芯片在人工智能系统开发上的对比。

表 4-2　　　　　　4 种技术架构的芯片在人工智能系统开发上的对比

芯片架构	算力	价格	部署位置		
			云端设备	边缘端设备	终端设备
CPU（中央处理器）	低	高	—	/	—
GPU（图形处理器）	中	高	√	√	×
FPCA（现场可编程阵列）	高	中	√	√	√
ASIC（专用集成电路）	高	低	√	√	√

3. 按应用场景分类

主要分为用于服务器端（云端）和用于移动端（终端）两大类。

（1）服务器端。在深度学习的训练阶段，由于数据量及运算量巨大，单一处理器几乎不可能独立完成 1 个模型的训练过程，因此，负责 AI 算法的芯片采用的是高性能计算的技术路线，一方面要支持尽可能多的网络结构以保证算法的正确率和泛化能力，另一方面必须支持浮点数运算，而且为了能够提升性能必须支持阵列式结构（即可以把多块芯片组成一个计算阵列以加速运算）。在推断阶段，由于训练出来的深度神经网络模型仍非常复杂，推断过程仍然属于计算密集型和存储密集型，可以选择部署在服务器端。

（2）移动端（手机、无人车等）。移动端 AI 芯片在设计思路上与服务器端 AI 芯片有着本质的区别。首先，必须保证很高的计算能效；其次，在高级辅助驾驶 ADAS 等设备对实时性要求很高的场合，推断过程必须在设备本身完成，因此要求移动端设备具备足够的推断能力。而某些场合还会有低功耗、低延迟、低成本的要求，从而导致移动端的 AI 芯片多种多样。

4.2.3　人工智能芯片的研究迅展

4.2.3.1　研究背景

如果按照设计领域专用处理器的思路来考虑 AI 芯片，那么首先需要分析 AI 领域的计算模式特征。这里展示的是人们非常熟悉的 Resnet-50 神经网络模型。Resnet 在图像处理任务中使用非常广泛，它需要的计算量还是比较大的。做一次正向处理大约需要 3.9G 的 MAC。但如果进一步分析它需要的运算，其中绝大部分是卷积操作。这在各类 CNN 网络里是非常常见的。如果观察其他常用的神经网络模型，不难发现使用最多的操作的类型是很有限的，而需要运算量最大的基本是卷积和矩阵乘这类的操作。考虑到卷积实际上也可以转换为矩阵乘，神经网络的核心处理可以归结为 GEMM 类型运算。因此，加速神经网络的核心问题就是加速 GEMM 类运算的问题，这个也是一般 AI 芯片设计需要首先考虑的问题。

人工智能芯片的核心为神经网络算法的实现。深度神经网络（DNN）已经在自然语言处理、机器视觉、语音识别、医学影像分析等众多人工智能领域取得了重大突破。深度学习主要分为传统卷积神经网络（CNN）和递归神经网络（RNN），其依赖于大数据集的反复训练和大量浮点运算推理运算，这对计算机算力要求较高，训练时间长，功耗极大。以 Alpha Go 为例，其基于 1920 个中央处理单元和 280 个图形处理单元，功耗为 1MW，这几乎是人脑能耗（约 20W）的 5 万倍。近年来，人工智能被视为有极大的潜力应用于物联网和边缘计算领域中，因此需要具备高能效、快速预测、在线学习的能力，以避免向后端或服务器发送大量的数据。

人工智能算法、架构、电路、器件等各个层面得到了很大的改进和优化，以减少推理的能量消耗，同时保持分类精度等性能指标。通过定制 ASIC 设计实现节能推理硬件加速器的工作已经实现了相当高的能效（1TFlops/W），但基于反向传播的深度学习算法需要频繁地从远程传播误差信号，因此很难实现有效的在线学习。由于能量效率低下和缺乏有效的在线学习方法，以 CNN 和 RNN 为代表的许多深度学习算法不适合以事件驱动和对能效要求极高的新兴人工智能应用，例如物联网智能传感器和边缘计算等。

在此背景下，人工智能领域科学家提出脉冲神经网络（SNN），其被誉为第三代人工神经网络。

SNN 在神经元模型之间使用时序脉冲序列来表示、传输和处理信息，以保证更快的在线学习和更高的能量效率。相比传统的人工神经网络（CNN 和 RNN），SNN 具备了更多独特的仿脑特性，包括信息的脉冲表示、事件驱动的信息处理和基于脉冲的局部学习规则等，更加接近于生物神经网络中的学习和记忆机制。因此，由于脉冲神经网络的快速的在线学习、极高的能量效率、与人脑的高度相似性，近年来是人工智能科学领域极具科学意义的研究课题。

4.2.3.2　研究背景

近年来，世界上著名的学术研究机构和国际半导体公司都在积极研究和开发基于脉冲的神经拟态电路。如表 4-3 所示，基于 SNN 的神经拟态计算硬件比基于传统 DNN 的硬件加速器具有更高的能量效率。大多数最先进的神经拟态计算芯片都是基于成熟的 CMOS 硅技术对 SNN 进行 ASIC 设计，通过 SRAM 等存储器模拟实现人工突触，并利用关键的数字或模拟电路仿生实现人工神经元。其中最具有代表性的是 IBM 公司研发的基于 CMOS 多核架构 TrueNorth 芯片，当模拟 100 万个神经元和 2 亿 5000 万个突触时，该芯片仅消耗 70mW 的功耗，每个突触事件仅消耗 26pJ 的极高能量效率。然而，为了模仿生物突触和神经元的类脑特性，电子突触和神经元需要高度复杂的 CMOS 电路来实现所需的人工突触和神经元的功能，如图 4-18 所示。

表 4-3　　　　　　　　　脉冲神经拟态芯片国内外研究现状

芯片	Spinnaker	Neurogrid	TrueNorth	Loihi	PCRAM Neuromorphic chip	Tianji
国家	英国	美国	美国	美国	美国	中国
科研单位	纽卡斯尔大学	斯坦福大学	IBM	Intel	IBM	清华大学
硬件实现	基于多核 CPU 实现的 SNN	混合模拟 CMOS 电路实现的 SNN	数字 CMOS 电路实现的 SNN	数字 CMOS 电路实现的 SNN	基于相变存储器的 SNN	数字 CMOS 电路实现的 SNN
电子突触	SDRAM	模拟 CMOS 电路	SRAM	SRAM	PCRAM	未说明
电子神经元	ARM CPU 核	模拟 CMOS 电路	数字 CMOS 电路（LIF 动态功能）	数字 CMOS 电路（IF 动态功能）	数字 CMOS 电路（LIF 动态功能）	数字 CMOS 电路（LIF 动态功能）
在线学习	无	无	无	STDP 学习规则	STDP 学习规则	未说明
能耗	8nJ/SynEvent	31.2 nJ/SynEvent	26 nJ/SynEvent	23.6 nJ/SynEvent	0.9 pJ/bit	未说明

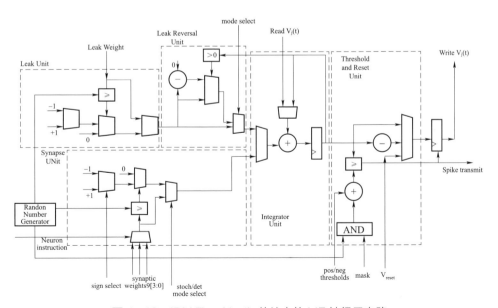

图 4-18　IBM TrueNorth 芯片中的 LIF 神经元电路

以 IBM 的 TrueNorth 芯片为例，它包含 54 亿个晶体管，在 28nm 工艺下占据 4.3mm^2 的面积。因此，这一类基于脉冲的神经拟态 CMOS 硬件电路使用大量的晶体管，并导致耗费非常大的芯片面积。加之，现有的大多数神经拟态芯片由于其计算单元与存储单元在局部依然是分离的，这在用于神经元的 CMOS 逻辑电路和用于突触的 SRAM 电路之间依然存在局部的存储壁垒问题和能量效率问题，所以实际上还不是真正意义上的非冯·诺依曼体系结构。不过最新的具有三维堆叠能力的非易失性存储器（NVM）技术或存内计算技术有望解决这一问题。

另一项由 IBM 开发的基于新型 NVM 技术的脉冲神经网络功能芯片证明了在非冯·诺依曼体系结构中使用相变存储器（PCRAM）这一创新的 NVM 技术能够实现极低的能耗（仅为 0.9pJ/bit）。由占据在交叉点的相变存储电阻组成了十字交叉整列结构，连同 CMOS 模拟电路一起实现脉冲时序依赖可塑性（STDP）学习规则的突触可塑性功能和带泄漏积分放电（LIF）的神经元功能。但是，由于预测精度的问题，该芯片只能执行简单的应用任务，完成基本模式的联想学习。IBM 的基于脉冲的神经拟态芯片反映了在人工神经元和突触以及新兴的 NMV 技术的研究领域里最新的科研进展。

在借鉴国外研究工作的同时，我国也大力发展基于脉冲的神经拟态芯片研究。清华大学团队提出一款基于 CMOS 技术的多核架构类脑芯片天机一号，实现了支持 LIF 的人工神经元功能。北京大学团队提出了一种基于忆阻器阵列的神经拟态芯片，实现了简化的 LIF 功能和简单的赫伯学习机制。忆阻器是一种新型的 NVM 器件，具有独特的模拟特性和可扩展性，并且由于其出色的能耗效率和器件特性，可以进一步提高神经拟态芯片的集成规模和整体效能。

至今基于脉冲的神经拟态芯片的主要研究方法是通过对生物神经科学中已发现的生物行为特征进行直接模拟和仿生实现，包括算法建模、电路创新、新型器件技术等各个层面的研究和探索。虽然基于神经拟态计算算法的人工智能芯片技术近年来已得到很大的发展和进步，但是依然难以实现所有的已知生物学习机制，仅通过对 SNN 模型的优化来达到近似或模仿一些生物现象从而实现一些简单的学习功能，比如路径规划和手写识别。这些简化的类脑模型包括基于脉冲时序依赖的更新规则的突触模型和基于确定的线性积分放电动态的神经元模型。

4.2.4 AI 芯片的发展

4.2.4.1 产业现状评估

AI 芯片是芯片产业和人工智能产业整合的关键，特别是 AI 系统芯片。根据 Gartner 的预测数据，未来 5 年内全球人工智能芯片市场规模将呈飙升趋势，自 2018 年的 42.7 亿美元升高至 343 亿美元，增长已超过 7 倍，可见 AI 芯片市场有较大增长空间，如图 4-19 所示。

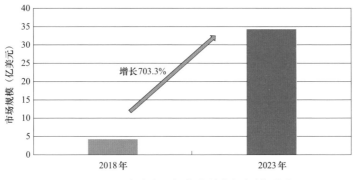

图 4-19 全球人工智能芯片市场规模预测

对于中国 AI 芯片市场，根据相关权威数据报告，中国的人工智能市场规模在 2018 年超过 300 亿元人民币，2019 年后超过 500 亿元人民币。市场年度增长率，从 2017 年的 52.8% 上升至 2018 年的 56.3%，随后逐年下降，在 2020 年降至 42.0%。其中，2017 年芯片销售额占人工智能市场规模的 22%，约 47.7 亿元人民币，如图 4-20 所示。

来源：中国信通院

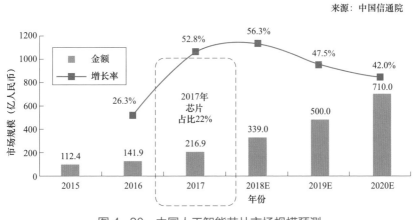

图 4-20 中国人工智能芯片市场规模预测

现今，中国已有超过 20 家以上的新创 AI 芯片设计企业，融资总额超过 30 亿美元。AI 芯片行业生命周期正处于幼稚期，市场增长快，至 2022 年将从 2018 年的 42.7 亿美元发展至 343 亿美元，但芯片企业与客户的合作模式仍在探索中。为了生存，行业逐渐出现上下游整合的趋势。云端（含边缘端）服务器、智慧型手机和物联网终端设备等 3 个场景，是目前 AI 芯片企业的主要落地市场，少数企业则是面向未来的自动驾驶汽车市场。这些市场都具有千万量级出货量或百亿美元销售额等特征。

然而，中国长期面临集成电路的进口额大于出口额的情况，根据海关总署的统计，如图 4-21 所示，2018 年进口总额正式突破 3000 亿美元，约达 3121 亿美元，同比 2017 年增长了 19.8%。相较之下，集成电路的出口总额在 2018 年时仅 846 亿美元，尚不到进口额的 1/3，而同年原油进口额约为 2400 亿美元，由此可见，中国极度依赖于国外芯片制造商。目前国内芯片制造技术尚待提高，但由于半导体的分工模式相当成熟，国内芯片设计企业并不需要担心芯片生产问题。

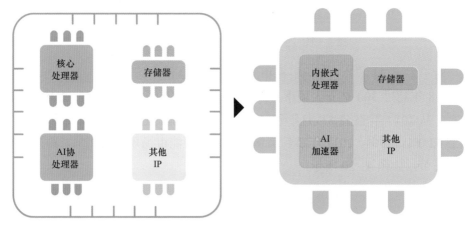

图 4-21　板上系统与片上系统示意图

4.2.4.2　AI 芯片产品类型

集成的产品类型可再分成两类，即硬件集成和软件集成。① 硬件集成：将不同功能的芯片集成于同一块电路板（PCB）上，即被称为硬件集成，其中会包含核心处理器、协处理器（加速芯片）、存储器和其他零件。硬件集成初级的产品是板上系统（system onboard），但终极目标是将多个芯片集成在一块芯片上形成系统芯片，或称片上系统（system on chip），如图 4-22 所示。② 软件集成：根据集成硬件的需求或纯粹软件集成的需求，软体工程师将不同软件

（software）和固件（firmware）集成起来安装到板上系统或片上系统中。因 AI 芯片设计的难度并没有过往的 CPU 高，为增加行业竞争优势，人工智能企业除本身提供的系统集成服务外，也开始往芯片设计方向整合。与此同时，AI 芯片企业为了加速产品落地，减少寻找客户的难度，会同时兼任芯片企业和集成商这两种身份。于是，目前行业呈现人工智能与芯片产业双向整合的情况。整合后的 AI 系统集成商可以将更高性能、更低价格、更低功耗的系统芯片（片上系统）方案提供给客户。

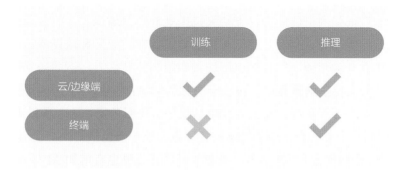

图 4-22　人工智能芯片任务类型与部署位置

4.2.4.3　AI 芯片落地情况分析

现如今，云端与终端皆有 AI 芯片落地。其中服务器、手机、智能家居、自动驾驶是主要落地场景。由于 AI 芯片是实现人工智能用途或深度学习应用的专用芯片，芯片与算法的结合程度高，因此接下来将会按照用途、部署位置以及应用场景来讨论 AI 芯片的落地及相关市场规模。

在人工智能的技术基础上，深度学习算法对于使用者来说会有"训练"和"推理"两种用途，这是因为深度学习算法就如同人类的大脑一样，需要经过学习才能做出判断，就像人要能辨识猫狗，首先需要学习了解猫狗的特征。因此，企业在部署人工智能设备时，也会经历算法/模型训练，再进行推理应用。执行训练任务的 AI 芯片仅会部署在云端和边缘端上，而执行推理任务的 AI 芯片会部署在云端、边缘端和终端上，应用范围更广，这是因为推理的算力需求较低。应用场景和深度学习算法的类型有关。

计算机视觉通常会使用卷积神经网络（CNN）训练模型，自然语言处理（NLP）则会使用循环神经网络（RNN）训练模型，AI 芯片也主要应用于视觉和语言。但是，相较于 CNN 和 RNN 等较旧的算法，现在深度学习算法持续在演变中，因此行业应用时并不局限于上述两类算法。每家人工智能企业都有自己独特的算法，AI 芯片企业也是一样，会根据自己的改良算法来设计 AI 芯片。

4.2.4.4 结论

如果总结一下这几年 AI 计算加速在产业的发展，简单来说就是无芯片不 AI。从云到边到端的各种场景都需要 AI 运算能力，因此也都需要 AI 加速。但是在不同的场景下，对 AI 加速的需求又有很大差别。比如云端的训练场景，需要高精度、高吞吐率，需要处理很大的数据集，因此还需要很大的存储。同时，软硬件必须有很强的扩展能力，支持大规模集群的训练模式。而云端推理场景的需求又有一些差异，高吞吐和低时延的要求并存。如果看端设备，从可穿戴设备到手机到自动驾驶，需求和应用场景的限制差异很大，不同场景可能需要不同的芯片来支持。端设备中，很少会有独立的 AI 芯片，AI 加速主要是 SoC 中的一个 IP。另外一个很有前景的应用场景是边缘服务器，这个场景可能是 AI 和 5G 最好的一个结合点。除了传统的各种各样处理器包括 CPU，会强化 AI 处理能力之外，在网络芯片、存储芯片或者传感器芯片里也有增加 AI 处理的尝试，这样做的好处是让 AI 处理尽量离数据更近，可以缓解大量数据搬运的需求，如图 4-23 所示。

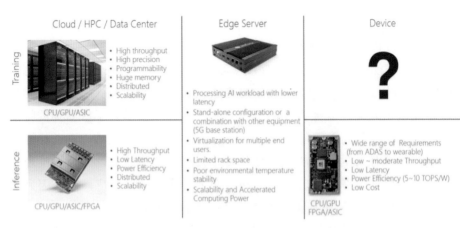

图 4-23　AI 计算场景

▶ 4.3 变电侧（边缘云）智能化关键技术 ◀

4.3.1 AI边缘计算

在云计算技术的大力发展下，越来越多的设备开始接入到互联网，通过云服务器的方式与其他设备进行互联，而不再是单独的个体独立进行计算并通过简单的通信模块进行数据传输。但对于高度集中化的计算云，随着设备的增多也逐渐开始出现一些问题。设备的增多必然伴随数据量的激增，数据量的增多导致设备与服务器之间的网络带宽不足以在短时内传输如此大量的数据，以至于计算效率开始走低。除此之外，大量的数据计算也会导致云服务器的计算资源需求和能耗的提高，不仅对计算效率存在一定影响，大量的能耗也会对搭载服务器的设备寿命、设备性能产生负面的作用。另外，集中的云计算可能还会增加设备之间的访问次数，降低工程性，数据在传输之间还可能产生数据泄露等安全问题。基于此，边缘计算的兴起为大数据云计算的问题带来了一种新的思路。所谓边缘计算，是指在靠近物或数据源头的网络边缘侧，融合网络、计算、存储、应用核心能力的开发平台，就近提供边缘智能服务，满足行业数字在敏捷连接、实时业务、数据优化、应用智能、安全与隐私保护等方面的关键需求。

边缘计算作为一种新的计算模式，通过在靠近物或数据源头的网络边缘侧，为应用提供融合计算、存储和网络等资源，其实现方式是在终端设备和云之间引入边缘设备，将云服务扩展到网络边缘，即利用边缘设备将计算从服务器外延到设备交接的边缘。这些边缘设备能够直接对其服务的终端设备传回的数据进行存储与计算，这样一来通过边缘设备的引入，云服务器的计算缓存将大大降低，从而进行更为集中、高级的运算，也可使用边缘设备进行相对简单的预处理，并将预处理后的数据传递至服务器进行其他核心计算，缓解服务器资源的过度使用。

传统电网中，对某一类业务设计的设备以及传感器统一接入，以业务为维度对信息系统进行设计，形成一个独立的纵向业务系统，但存在以下几个问题：① 传统架构可用性差。应用程序分布过于碎片化，变电站内网络带宽的承载能力有限，架构的易用性与安全性较差。② 存在网络瓶颈，数据孤岛，延时高。不同的业务流数据在网络上重复率过高，造成业务处理时实时性降低，此外一部分的终端数据不适合。③ 业务性能降低，功能扩展困难。传统应用部署中大量使用虚拟机，而虚拟机需要消耗大量的资源，使得整个系统过于沉重，数据扩展能力业务性能降低。因此引入相应的人工智能边缘计算，对变电站中气压计、指示灯的读数与识别，通过语音、声纹识别对电站工作人员的管理以及智能交互的应用，通过电子鼻对变电站中可能存在的电缆烧焦事故等进行及时检测预警。

对于变电站的人工智能计算应用，目前多为对需要采用人工智能技术进行识别或计算的变电站状态进行检测或分析数据实例，如通过图像算法对。随着深度学习的兴起，这些智能识别类工程逐渐由传统机器学习的处理方法转向深度神经网络进行识别。然而上述应用的实现不仅要保证精度与正确率，更为重要的是对于危险信号的识别，这需要处理机制有非常快速的响应，因此采用深度学习的方法势必需要保证结果能有快速的输出。采用云计算方法虽然能够保证高效的计算，但由于存在大量需要计算的数据量以及数据来回传输所消耗的时间与资源，现场设备并不会在短时间内输出结果。

因此在变电站中引入边缘设备，使其中一些不太复杂的运算或数据存储交与边缘设备处理，为云服务器释放缓存，或在设备能够保证算力的前提下，直接将深度神经网络模型嵌入边缘设备直接参与计算，这样一来边缘设备的效力得以发挥，使终端能够及时收到边缘设备的计算结果，增强数据实时性，同时也减少了云服务器的计算流量。

4.3.2　边云协同架构

边缘计算是一种分布式处理和存储的体系结构，它更接近数据的源头，如图 4-24 所示。例如，带有视觉处理功能的摄像头、通过蓝牙向手机发送数据的可穿戴医疗设备等都利用到了边缘计算。与云计算相比，边缘计算更靠近终端，存在诸多优良特性，因此，边缘计算和云计算的混合使用通常被认为是变电站数据解决方案的最佳实践。目前，传感器设备的数量及其生成的数据量也在迅猛增长，如何界定数据、分析数据、实现有效的边云协同人工智能边缘计算，才能发挥系统的优势，从而达到跨时域、低耦合、边云协同的边缘计算解决方案。

（1）软硬件解耦。对各种异构设备软硬件解耦，硬件设备和人工智能边缘应用模块化组合，提高部署的灵活性。在边云协同构架中，硬件需具有多种物理接口接入能力，例如 RS485、RS232、RJ45、GPIO、SPI、USB 等适配，此外多种通信协议，例如 ModBus、Opc、104、WiFi、BLE 等适配，最后提供统一的驱动管理、固件管理接口，方便开发者调用。

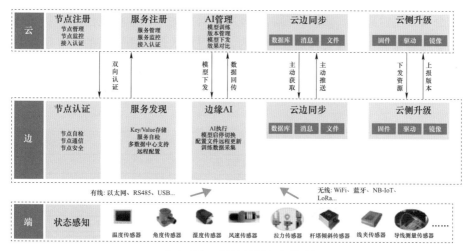

图 4-24　AI 边云协同架构图

（2）智能边缘下沉。利用人工智能边缘计算支持视频流智能分析、数据处理。将 AI 模型与硬件平台、操作系统、AI 芯片解耦，提供统一的终端调用接口，适配多种训练框架，例如 Tensorflow、Pytorch、Tensorflow Serving 等。提供云端训练、模型下发、模型边缘部署、更新迭代，实现边云 AI 全闭环。

（3）系统协同。边云协同架构中系统需要实现边云资源协同、安全策略协同、应用管理协同、业务管理协同。从面向机器到面向应用，具备多语言、跨平台的支持能力。规定了功能边界、服务规范程度、迭代升级效率以及和周边生态系统的交互形式，并根据业务场景灵活定义系统资源利用率，完善负载预测机制、边缘侧芯片加密、数据库加密、AI 模型加密、应用权限控制。

（4）协同安全。边云之间采用一定的加密算法保证数据传输的安全、网络安全，保证边云系统的安全保障体系，需采取边缘侧芯片加密、数据库加密、AI 模型加密、应用权限控制，传输层 TLS 加密、通信隔离、会话有效期检测、云端访问控制、权限控制、双向认证、行为监控等。

» 4.4　数字孪生技术 «

4.4.1　数字孪生定义

数字孪生体是现有或将有的物理实体对象的数字模型，通过实测、仿真和数据分析来实时感知、诊断、预测物理实体对象的状态，通过性能和状态优化和指令发送来调控物理实体对象的行为，通过相关数字模型间的相互学习来进化自身，同时改进利益相关方在物理实体对象生命周期内的决策，如图 4-25所示。

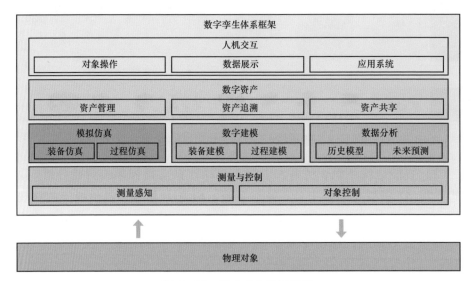

图4-25 数字孪生体系框架

4.4.2 数字孪生特征

（1）高保真性：数字孪生世界从本体构成、形态行为、运行规则等多维度、多角度、多属性对物理世界进行全息复制。

（2）可扩展性：数字孪生模型可根据数字孪生世界自我推演或者物理世界形态变化进行拆解、集成、复制、修改、删除等操作。

（3）互操作性：数字孪生模型与物理世界都具备标准接口和规范定义，不同数学模型之间、不同物理终端之间、数学模型与物理终端之间都可以进行信息交互。

4.4.3 组成部分

数字孪生包括三个主要部分：数字孪生世界（空间）、物理世界（空间）以及物理实体和数字孪生模型之间的数据和信息交互通道，如图 4-26所示。

孪生世界（空间）　　　交互协同　　　现实世界（空间）
数字孪生模型　　　　　　　　　　　　物理实体

图 4-26　数字孪生框架

（1）孪生世界（空间）。完成对物理世界的全息复制和高保真建模，建立集对象、模型以及数据于一体的孪生世界，实时动态反映物理实体行为状态，支持对物理实体多层次、多维度、多尺度、多物理场的仿真模拟。采用数据挖掘技术、知识学习系统从物理实体历史、实时数据中挖掘各种数模状态的结果衍生数据价值。

（2）物理世界（空间）。物理元素的互联和感知具有标准定义和接口，支持即插即用具有广域布置的传感器以及状态反馈点，能够高密度、宽频率的采集信息。接受数字世界的优化指令，改变物理元素组合模式、生产流程、资源匹配。

（3）交互通道。采用设计工具、仿真工具、物联网、虚拟现实等各种数字化的手段建立物理世界和数字孪生世界的实时联系和映射。通过传感器洞察和呈现物体的实时状态，同时将承载指令的数据通过标准接口回馈到物体，最终导致状态变化，形成闭环反馈。

（4）数字孪生运用领域。数字孪生正在广泛应用于城市管理、航空管理等众多领域，具有多维度的数据呈现和直观的三维可视，操作简单、浅显易懂、全专业可视，可实现便捷、高效的统筹管理，如图 4-27 所示。

图 4-27　数字孪生运用于城市管理

4.4.4　数字孪生的构建和应用

数字孪生构建的关键技术环节包括：物理系统的量测感知、数字空间建模、仿真分析决策以及云计算环境。数字孪生将在电网变电站（换流站）的规划、运行和监控等方面发挥重要作用。例如，数字孪生可以提升电网变电站（换流站）的监控水平，发现系统运行的异常环节，有助于实现基于能源互联网状态的精准运维和优化运行。

（1）量测感知是对能源互联网物理实体进行分析控制的前提。为此，需要在物理系统中布置众多传感器，并且还需解决与数据量测、传输、处理、存储、搜索相关的一系列技术问题。

（2）在数字空间中如何对电网变电站（换流站）进行建模取决于应用的需求。可以通过不同类型的数学模型反映物理实体不同时间尺度和空间尺度的特征，只要这些特征和物理实体当前状态保持同步即可。

（3）仿真分析决策环节首先对数字空间的能源互联网进行优化计算，然后通过仿真验证决策的合理性和有效性，再对数字能源互联网进行复杂不确定场景的沙盘推演，最终得到合理决策指令并下发至物理系统。

（4）云计算环境是连接物理系统和数字空间的桥梁，可以利用已经掌握的能源互联网物理规律和传感器量测数据，再借助大数据分析和高性能仿真技术，实现对电网变电站（换流站）的数字建模和仿真模拟，计算结果可实时反馈至物理系统，传感器数据同样可实时传递给数字镜像以实现同步。

（5）BIM 技术核心在于使用计算机技术，通过三维虚拟技术进行数据库的创建，实现数据的动态变化和建筑施工状态的同步。BIM 技术可以准确无误地调用数据库中的系统参数，加快决策尽速，实现项目高质量的目的，有效降低成本和资金投入。最终实现建筑施工的全程控制，控制施工进度，节约资源，降低成本，提高工作效率。

4.4.5　数字孪生与人工智能的结合

目前阶段，数字孪生正在与人工智能技术深度结合，促进信息空间与物理空间的实时交互与融合，以在信息化平台内进行更加真实的数字化模拟，并实现更广泛的应用。将数字孪生系统与人工智能结合，数字孪生系统可以根据多重的反馈源数据进行自我学习，从而几乎实时地在数字世界里呈现物理实体的真实状况，并能够对即将发生的事件进行推测和预演。数字孪生系统的自我学习除了可以依赖于传感器的反馈信息，也可通过历史数据，或者是集成网络的数据学习，在不断的自我学习与迭代中，模拟精度和速度将大幅提升。

数字孪生技术可以在网络空间中复现产品和生产系统，并使产品和生产系统的数字空间模型和物理空间模型处于实时交互中，二者之间能够及时地掌握彼此的动态变化并实时地做出响应，为实现变电站的人工智能提供了有力的保障，同时也进一步加速了变电站的人工智能与互联网、物联网融合。

数字孪生技术也可以应用在设计、施工等规划部署方面。在设计规划时期，应用数字孪生技术对各个生产单元及其在一起共同工作时的生产流程进行建模与仿真，其中包括对各个生产单元的数字化建模与展示，也包括对物料流、排程排产逻辑、自动引导车（AGV）控制算法等生产流程的数值仿真。并且通过数字孪生技术对施工情况进行模拟，对施工中可能出现的问题进行评估预测，为施工安全、进度把控、资源利用提供有效参考，其改变了传统粗放型施工的弊端，而实现了向先进集约型施工方式的转变，其在施工控制和可视化模拟方面进行了创新，能够实现可视化效果设计，检验模型效果图，实现 4D 效果模型设计以及监控等功能。

数字孪生技术也可以应用在变电站投入使用阶段，主要面向变电站的运维人员，基于物理传感器等信息对变电站的实际特性进行提取与分析，实现预测性维护等功能，也可以通过变电站的实际运行信息反馈指导变电站的设计方案。

从应用阶段来看，数字孪生技术贯穿了变电站生命周期中的全阶段，并在生命周期的不同阶段引入不同的要素，形成了不同阶段的表现形态。

（1）设计阶段作用。借助数字孪生技术可提高设计的准确性，并验证设备在真实环境中的性能。主要功能包括：数字模型设计、模拟和仿真。对设备的外形设计、使用性能和机械性能（强度、刚度、模态等）进行仿真，便于优化设计、改进性能同时降低成本。

（2）运行、维护及管理阶段作用。数字孪生在变电站设备运维中的应用是一个高度协同的过程，通过数字化手段构建起来的虚拟数字电网，将变电站设备关键数据本身的数字孪生同设备运维过程中其他形态的数字孪生高度集成起来，模拟在不同产品、不同参数、不同外部条件下的设备运维过程，根据既定的规则，自动完成在不同条件组合下的操作，实现设备运维的关键数据（红外、局部放电、绝缘电阻等）与变电站数字模型在空间位置上的一一对应，通过提取模型的设备属性及材质信息，实现检修试验逻辑的自动生成，真正实现电网设备巡检的一键部署；同时记录运维过程中的各类数据，为后续的分析和优化提供依据。

通过采集变电站的各种生产设备的实时运行数据，实现全部运维过程的可视化监控，并且通过经验或者机器学习建立关键设备参数、检验指标的监控策略，对出现违背策略的异常情况及时进行处理和调整，实现稳定并不断优化的变电站运维优化过程。

数字孪生映射逻辑图如图 4-28 所示。

另外基于数字孪生技术的红外全景是充分利用物理模型、红外热成像仪数据，在虚拟空间中完成映射，从而反映相对应的电力设备健康状态。采用统一的信息模型，按主设备的要求，对全站各类传感器、监测装置进行统一的建模，可实现全站各类型红外热成像仪的信息融合以及数据交互，取代了人工进行红外标定的简单重复劳动。

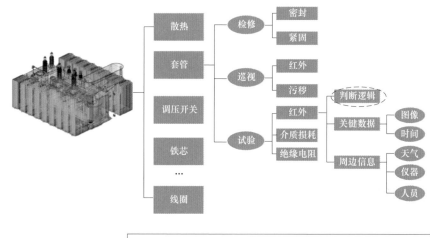

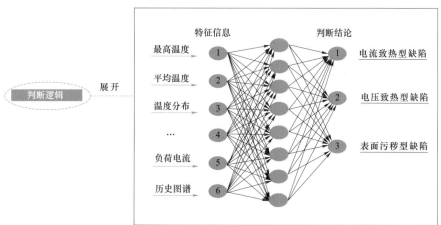

图 4-28　数字孪生映射逻辑图

➤ 4.5　应 用 与 安 全 ◀

4.5.1　变电站的应用架构发展

变电站的发展经历了四个阶段：传统变电站、综合自动化变电站（集中、分散、分散分层等架构）、数字化变电站和智能变电站。传统变电站保护设备以晶体管、集成电路为主，二次设备均按照传统方式布置，各部分独立运行；综合自动化变电站对变电站二次设备的功能进行重新组合、优化设计，先后经历了集中式、分散式、分散分层式等不同结构的发展；数字化变电站基于 IEC 61850 标准，体现在过程层设备的数字化、站内信息的网络化；到智能化变电站阶段，朝全站信息数字化、通信平台网络化发展，如图 4-29 左侧所示，基于 IEC 61850

标准的智能变电站由"三层两网"构成,"三层"是指站控层、间隔层、过程层,"两网"是指站控层网络、过程层网络。其中,过程层是一次设备与二次设备的结合面,通过合并单元、智能终端及在线监测就地采集一次设备信息,并实现与间隔层设备之间的信息交互功能;间隔层设备主要指保护、测控、计量等二次设备,与站控层、过程层设备实现承上启下的通信功能;站控层设备主要用于集中监控变电站当前运行状态的信息。

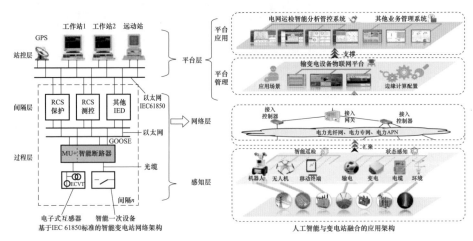

图 4-29 人工智能应用于智能变电站的架构关系

将人工智能的相关理论、技术和方法与变电站融合时,涉及智能感知、智能平台、智能计算和智能认知四方面核心技术,智能感知应用在芯片、终端、边缘计算等实体,智能平台提供训练框架、服务平台,智能计算利用了人工智能的机器学习、深度学习,智能认知则基于自然语言处理、知识图谱、认知计算等实现人机交互。落地到变电站的"专用人工智能"应用架构如图 4-29 右侧所示,可分解为平台层(平台应用、平台管理)、网络层、感知层。通过感知层的多种类型传感器实现设备状态全面感知;通过网络层对感知数据进行可靠传输,实现信息高效处理;在平台层,通过管理类平台汇集采集数据,进行标准化转换后分发到数据分析等中台,通过平台应用层对感知数据进行高级分析与应用,实现信息共享和辅助决策。

4.5.1.1 感知层

在芯片、模组、终端等层面分别引入人工智能技术,芯片层面采用神经网络硬件加速核心,以极低的运行功耗保持较高的算力和较低的推理时延,能效比优于其他同类芯片,满足边/端侧电力业务对人工智能高算力、低功耗的推理计算需求，为设备的智能化提供基础硬件支撑，实现异地数据的实时本地化判定。模组层面设计开发多种形态、不同算力等级的人工智能识别模组，用以满足不同业务场景需求，模组采用通用接口设计，易集成、使用，根据云、边、端应用场景中对人工智能算力的不同需求，灵活选择不同算力的识别满足，提升设备智能分析能力。终端层面，巡检机器人、智能穿戴硬件、监测摄像头、枪机/球机/半球机摄像头、移动布控球、智能边缘物联盒和智能视频录像机等应用形态起到智能感知作用。

4.5.1.2　网络层

网络层由接入控制器和接入网关等设备组成，用于实现感知层与平台层间广域范围内的数据传输。网络层通常采用电力无线专网、电力 APN 通道、电力光纤网等成熟技术，为变电设备物联网提供高可靠、高安全、高带宽的数据传输通道。

4.5.1.3　平台层

平台管理层建立起支撑各类人工智能应用形态的中台能力，包括模型开发、模型训练、模型评估、模型服务等功能，包含人工智能样本库，为人工智能训练提供样本数据，涉及图像、视频、文本、语音等类型，图像视频样本包括输变电巡检、安监等业务数据，文本样本包括调度、运检、营销等文本数据，语音包括客服、调度、设备声纹等数据，实现样本数据共建共享；包含模型库，汇聚特色模型数据，涉及图像识别类、视频分析类、文本分析类、语音识别类等，支撑输变电巡检、安监作业管控、电网调度故障处理、设备智能诊断与辅助决策，实现模型共建共享。

平台应用层面，实现设备状态智能管控、在线巡视、隔离开关位置智能确认、变电知识服务等智能化应用服务。设备状态智能管控方面，基于主变压器油色谱及铁芯接地电流监测、套管一体化监测、环境监测、安防、消防等智能辅控设备，通过数据智能分析及异常智能联动，实现变电站主设备远程监视、辅助设备远程监控以及缺陷异常的主动预警，准确掌握设备运行状态；在线巡视方面，利用图像智能分析识别、深度学习、红外诊断等技术，定时进行图像采集、分析、比对，并通过开展图像模型算法迭代优化及模型验证评估，对异物搭挂、锈蚀、渗透油、烟火、人员行为等问题进行智能识别，实现变电站智能监测和智慧运维；隔离开关位置确认方面，依据图像智能识别、视频智能识别技术，实现对隔离开关分合闸位置的智能确认，为一键顺控操作提供第二判断依据；变电知识服务方面，利用知识图谱、图计算、语义分析、语音识别、实体链接、智能交互等技术，开展领域文本语料收集、样本构建、模型训练，构建电力设备缺陷谱系、缺陷智能检索、知识问答等功能，挖掘知识深层关系，面向设备专业管理及运检人员提供智能化、个性化的电力设备缺陷知识服务，最终实现设备知识应用与服务的推广。

4.5.2　人工智能在变电站的应用安全

人工智能的工作本质在于训练软件寻找数据中的规律，训练完成后，依据训练出的模型分析新的数据并做出判断。但现阶段人工智能技术不成熟性会带来安全风险，包括算法不可解释性、数据强依赖性等技术局限性问题，以及人为恶意利用，可能给网络空间与国家社会带来安全风险，如图 4-30 所示。人们通常无法知道人工智能的分析判断过程，其判断准确性取决于它学习时所使用的数据的准确性，在变电生产等特殊领域一旦做出误判断，将造成不可预估的影响。此外，在变电站等无人值守系统运用人工智能技术，一旦遭网络劫持，将带来严重的安全问题。人工智能基础技术平台自身的漏洞，被非法利用也可造成安全隐患。在中国信息通信研究院发布的《人工智能安全白皮书（2018 年）》中列出人工智能涉及网络、数据、算法、信息、社会、国家六大方面安全风险，在其发布的《人工智能安全框架（2020 年）》中列出，人工智能应用应开展包含业务、算法、数据、平台四方面的安全技术保障。结合上一章节人工智能在变电站的应用架构，将人工智能在变电站的应用安全风险分为漏洞安全风险、数据安全风险、算法安全风险。

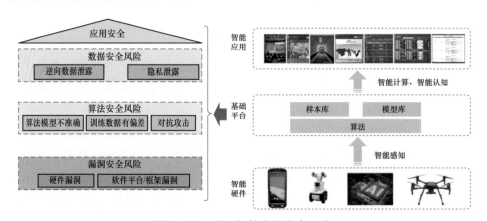

图 4-30　人工智能应用安全风险

在软件及硬件层面，包括应用、模型、平台和芯片，编码都可能存在漏洞或后门，攻击者能够利用这些漏洞或后门实施高级攻击。在 AI 模型层面上，攻击者同样可能在模型中植入后门并实施高级攻击，由于 AI 模型的不可解释性，在模型中植入的恶意后门难以被检测。

在数据层面，攻击者能够在训练阶段掺入恶意数据，影响 AI 模型推理能力，攻击者同样可以在判断阶段对要判断的样本加入少量噪声，刻意改变判断结果；且在用户提供训练数据的场景下，攻击者能够通过反复查询训练好的模型获得用户的隐私信息。

在模型算法层面，提供模型相关支撑服务的同时，也存在暴露训练模型的风险。攻击者能够构建出一个相似的模型，进而获得模型的相关信息。此外，训练模型时的样本往往覆盖性不足，使得模型鲁棒性不强，模型面对恶意样本时无法给出正确的判断结果。

4.5.2.1　漏洞安全风险

软件完成的多元性通常会造成系统漏洞，人工智能学习框架和组件也遭遇了一样的考验。国内人工智能产品和应用的研发主要是基于 Google、微软、亚马逊、Facebook、百度等科技巨头发布的人工智能学习框架和组件。但是，由于这些开源框架和组件缺乏严格的测试管理和安全认证，可能存在漏洞和后门等安全风险，一旦被攻击者恶意利用，可危及人工智能产品和应用的完整性和可用性，甚至有可能导致重大财产损失和恶劣社会影响。

4.5.2.2　数据安全风险

逆向攻击可导致算法模型内部的数据泄露。人工智能算法能够获取并记录训练数据和运行时采集数据的细节。逆向攻击是利用机器学习系统提供的一些应用程序编程接口来获取系统模型的初步信息，进而通过这些初步信息对模型进行逆向分析，从而获取模型内部的训练数据和运行时采集的数据。例如，Fredrikson 等人在仅能黑盒式访问用于个人药物剂量预测的人工智能算法的情况下，通过某病人的药物剂量就可恢复病人的基因信息；Fredrikson 等人进一步针对人脸识别系统，通过使用梯度下降方法实现了对训练数据集中特定面部图像的恢复重建。

此外，人工智能技术可加大隐私泄露风险，基于其采集到无数个看似不相关的数据片段，通过深度挖掘分析，得到更多与用户隐私相关的信息，识别出个人行为特征甚至性格特征。人工智能系统甚至可以通过对数据的再学习和再推理，导致现行的数据匿名化等安全保护措施无效，使个人隐私变得更易被挖掘和暴露。Facebook 数据泄露事件的主角剑桥分析公司通过关联分析的方式获得了海量的美国公民用户信息，包括肤色、性取向、智力水平、性格特征、宗教信仰、政治观点以及酒精、烟草和毒品的使用情况，借此实施各种政治宣传和非法牟利活动。

4.5.2.3　算法安全风险

选用的算法模型表达能力有限，不能完全表达实际情况，导致算法在实际使用时面对不同于训练阶段的全新情况可能产生错误的结果，可导致决策偏离预期，产生与预期不符甚至伤害性结果。2018 年 3 月，Uber 自动驾驶汽车因机器视觉系统未及时识别出路上突然出现的行人，导致与行人相撞致人死亡。

算法潜藏偏见和歧视，导致决策结果可能存在不公。例如，使用 Northpointe 公司开发的犯罪风险评估算法 COMPAS 时，黑人被错误地评估为具有高犯罪风险的概率 2 倍于白人。算法歧视主要是由两方面原因造成的。一是算法在本质上是"以数学方式或者计算机代码表达的意见"，算法的设计目的、模型选择、数据使用等是设计者和开发者的主观选择，设计者和开发者将自身持有的偏见嵌入算法系统。二是数据是社会现实的反映，训练数据本身带有歧视性，用这样的数据训练得出的算法模型天然潜藏歧视和偏见。算法黑箱导致人工智能决策不可解释，引发监督审查困境。

含有噪声或偏差的训练数据可影响算法模型准确性。目前，人工智能尚处于依托海量数据驱动知识学习的阶段，训练数据的数量和质量是决定人工智能算法模型性能的关键因素之一。在含有较多噪声数据和小样本数据集上训练得到的人工智能算法泛化能力较弱，在面对不同于训练数据集的新场景时，算法准确性和鲁棒性会大幅下降。例如，主流人脸识别系统大多用白种人和黄种人面部图像作为训练数据，在识别黑种人时准确率会有很大下降。MIT 研究员与微软科学家对微软、IBM 和旷世科技三家的人脸识别系统进行测试，发现其针对白人男性的错误率低于 1%，而针对黑人女性的错误率则高达 35%。

对抗样本攻击可诱使算法识别出现误判漏判，产生错误结果。目前，人工智能算法学习得到的只是数据的统计特征或数据间的关联关系，而并未真正获取反映数据本质的特征或数据间的因果关系。对抗攻击就是攻击者利用人工智能算法模型的上述缺陷，在预测/推理阶段，针对运行时输入数据精心制作对抗样本以达到逃避检测、获得非法访问权限等目的的一种攻击方式。常见的对抗样本攻击包括两类，逃避攻击和模仿攻击。逃避攻击通过产生一些可以成功地逃避安全系统检测的对抗样本，实现对系统的恶意攻击，给系统的安全性带来严重威胁，例如，Biggio 研究团队利用梯度法来产生最优化的逃避对抗样本，成功实现对垃圾邮件检测系统和 PDF 文件中的恶意程序检测系统的攻击。模仿攻击通过产生特定的对抗样本，使机器学习错误地将人类看起来差距很大的样本错分类为攻击者想要模仿的样本，从而达到获取受模仿者权限的目的，目前主要出现在基于机器学习的图像识别系统和语音识别系统中，例如，Nguyen 等人利用改进的遗传算法产生多个类别图片进化后的最优对抗样本，对 Google 的 AlexNet 和基于 Caffe 架构的 LeNet5 网络进行模仿攻击，从而欺骗 DNN 实现误分类。

第**5**章

人工智能在变电站（换流站）领域中的应用

智能变电站由常规变电站发展而来，从功能上看，它们有着相同的功能和作用。从结构上看，智能变电站有着与常规变电站相同的一次设备和保护配置，区别仅在于实现方式上的不同。从设备类型上看，许多智能组件与常规变电站有着对应的关系，比如，智能终端可以想象成常规站中的继电器操作箱，合并单元和光缆相当于常规站中的电缆，而智能站中的"三层两网"在常规站中同样有相关的网络与之对应，如图5-1所示。

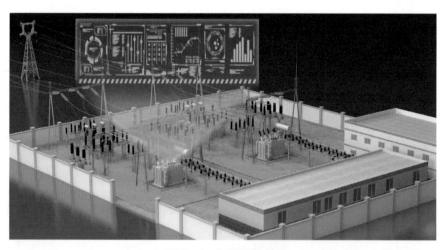

图5-1 智能变电站

常规变电站也叫变电所，是电力系统中连接各电压等级输电线路的枢纽节点，从广义上定义，所有连接了不同电压等级输电线路的建筑物都可以称为变电站，在电力行业中，一般称最高电压110kV及以上的为变电站，110kV以下的称为配电站。全国有多少座变电站，这个数字目前还没有权威的解读，一般认为，全国 110kV 及以上的变电站数量超过 2 万座，直接从事变电站一线运维工作的人员数量占到了电力企业总人数 10%以上，总人数超过 12 万人，如何提升这个广大群体的生产效率，是各电力企业必须面对的问题。长期以来，变电站智能化改造一直是各电力企业技术发展的主要方向。

智能变电站的定义各不相同，而且其主要内涵也随着技术的变化不断变化。本书所涉及的也主要是 110kV 及以上变电站智能化改造相关的技术。智能变电站，不能脱离人工智能这一主题，按照《中国科学百科词条》的定义，人工智能（Artificial Intelligence）英文缩写为 AI，它是研究、开发用于模拟、延伸和扩展人的智能的理论、方法、技术及应用系统的一门新的技术科学。在日常生活中，人工智能技术已经渗透到了方方面面，例如，公路上的车牌自动识别就是典型的人工智能用于图像处理的应用，手机照相的"美颜"功能也是人工智能的应用。电力行业的人工智能与一般意义上的人工智能相比，既有其共同点，又有其鲜明的差异性。其共同点是，与其他领域常用的人工智能相同，电力行业应用最广泛的人工智能技术是图像识别技术，其主要基础原理和方法与主流的人工智能没有什么不同。其差异性则是，电力行业是一个相对封闭的行业领域，具体的应用需求并不是现有成熟的技术可以覆盖的，最典型的如电力行业内最常用的表计识别技术，就缺少可以在公共领域获取的技术，而是依靠各个专业公司投入研究而得出的特异性技术，此外，电力行业的业务逻辑非常复杂，非本领域从业人员难以理解，这也造成了一般的人工智能技术如不经改造，是无法应用在变电站内的。从人工智能技术开发的流程上看，人工智能实际上是将一部分人的经验进行总结提炼后，通过计算机程序进行表达，这也就是人们常说的"算法"。在变电站的运维工作中，利用算法来提升工作效率，必须对人工智能的本质有所了解，避免陷入人工智能万能化和人工智能无用论这两个极端中。人工智能必须与人高度配合，才能很好地完成其工作任务，在下面的章节里将会以具体的案例来解析人工智能在变电站运维领域中如何发挥作用。

为什么要智能化，是变电站智能化改造面对的第一个问题，智能化的核心就是机器代人，智能技术的发展不过短短数年，已经深入到在实际效果上，人工智能已经可以替代一部分原先由人才能完成的高级思维。电力行业发展已超过百年，在我国，电力行业是一个高度成熟的行业，在不同历史时期，对于行业发展也有不同的侧重点。过去，中国长期处于缺电状态，尤其是 2010 年之前，中国的年用电量以超过 10%的速度迅速增加，这个阶段，电网企业的主要矛盾是社会经济发展对电力供应量需求高与电力企业供电能力不足之间的矛盾，电网企业的主要任务是规模扩张，对于变电站而言，更换负载能力不足的一次主设备是主要工作内容。2011 年，中国的年用电规模到达世界第一，电网扩张的速度相对放缓，又经过近 10 年的发展，中国电力行业的技术水平已经发展到了国际领先的水平，无论从电网规模、装备水平、人员素质方面都超过了西方主要的发达国家。变电站智能化作为前沿领域，在中国的发展水平也是世界领先的，这就造成了行业内缺少外部可参考案例的困境，变电站智能化能取得怎样的效益、哪种方式是正确的，必须由中国电力行业的人自己来探索。从技术发展的趋势上看，机器代人是大的趋势，每一次成功的尝试都可能带来生产力的飞跃，而失败的尝试，也会带来相应的损失。

智能变电站是一个完整的体系，包含业务模式、系统架构、技术实现等，智能化的变电站与传统变电站的最大区别并不是采用的设备类型有显著差异，而是整体管理策略不同，智能变电站将变电站作为统一的整体设备进行管理，传统的变电站是众多设备的集中地按照设备门类分别管理。智能变电站的整体涉及是围绕人来进行的，所有的技术的应用都是为了最大化放大人的能力，提高人的工作效率。

智能变电站的智能化部分是涉及多专业的交叉领域，涉及主要专业包含电气一次、电气二次、通信、信息、土建，必须在上述专业领域都按照统一的思想进行整体规划设计，才可能建成一个功能完善的智能变电站。现实中，导致变电站智能化建设失败的因素有很多，其中最主要的就是实施策略和建设方法错误。在实施策略方面，也容易出现错误，有些单位将变电站的智能化简单当做电气二次专业的一部分实施，安装了大量智能设备，最后却无法发挥作用，也有部分单位将智能化等同于在线监测，结果同样无法发挥预期效果。从实践经验来看，智能变电站围绕变电站运行人员建设是较为合适的，可采用的技术最为成熟，业务替代率也最高。在建设方法方面，智能变电站设计是最大的短板，不经设计、无图施工是长期以来变电站智能技术应用的顽疾，其主要原因是设计单位并没有相应的专业与变电站智能化很好契合，举个最普遍的例子，变电站内摄像头的安装位置在设计图纸上无法体现出来，最后由现场施工人员决定如何安装，这就造成了视野受限，覆盖范围不确定，拍摄效果无法保证，从实践的经验来看，采用三维化的变电站智能化专项设计是较为合适的，该设计专业综合了设计单位内各专业的人员，但设计资料独立成册，这样可以解决以往变电站智能设备设计描述无处安放的窘境。

» 5.1　人工智能技术在变电站（换流站）设计架构 «

智能变电站的系统架构分层方法有很多，本书案例采用的是最简单的三层式结构，也就是将整个智能系统分为应用、终端、网络三层，如图 5-2 所示，采用这种分层方式的好处在于，容易从硬件和软件方面形成清晰的界面，避免各层之间相互交联，各层之间的软件、硬件可以按照统一的接口标准进行互联，又可以按照各自的业务规则运行，互不干扰，在建设和运维阶段都可以实现相对独立。终端层与网络层之间的界面以变电站内智能终端箱端子排为界，网络层与应用层的界面以变电站智能系统交换机屏网口为界。

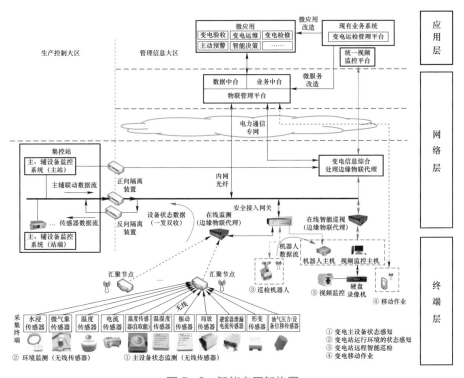

图 5-2　智能电网架构图

5.1.1　应用层

应用层是与使用者直接接触的一层，包含各类应用软件、系统软件及配套的服务器、存储、安全设备等。应用层是智能变电站的顶层，决定了网络层和终端层的组成，使用者最终需要的应用决定了具体需要的原始数据，原始数据采集点的地理位置又决定了网络层的结构。过去，智能变电站建设经常出现的问题就是没有确定好应用层的具体内容就直接建设，结果，智能变电站就变成了高技术的堆砌，无法产生实际的价值。因此，确定好智能变电站的业务模式就成为智能变电站建设的第一个步骤。应用层的确立需要较多的资源投入，与网络层、终端层建设不同，应用层的建设必须由电力企业自身主导，最好是由最终的用户亲自设计，可以把这个建设过程看做一个示教的过程，最终用户指导系统开发人员，将电力企业运行人员的经验、思想融入到具体的应用中。

以智能变电站无人化巡视的应用开发为例，说明应用层是如何起到牵引作用的。无人化巡视，其需求是采用系统自动完成运行规程规定的巡视项目，及时发现变电站内的缺陷、隐患，为了搞清楚这个应用的实质，需要对业务进行深入的分析，人员进行现场巡视，遵循的技术标准是变电站运行规程，为了实现无人化巡视，系统也必须遵循变电站运行规程，经过对规程的解读。可以看出，变电站巡视的内容包含对设备外观的检查、异常声响的判断等，运行人员需要按照指定的顺序对每个检查项进行确认，填写作业表单。可以明确，变电站巡视的交付项是作业表单，实现方法是人眼看、人耳听，对应的，需要安装的终端层设备是带有拾音功能的摄像头，明确了需求后，就可以进行系统建设了。其开发过程就是，第一步，确定最终的交付项是一份包含了照片、录音和判断结论的作业表单，将此表单进行分解，拆分成原始数据采集需求和图像识别需求两部分；第二步，根据原始数据采集的需求，确定所有需要拍摄的图像、需要获取的声音在变电站中的具体位置；第三步，将所有需要拍摄的图像、获取的声音坐标进行汇总整理，按照全覆盖的原则，初步设计终端层中摄像头的安装位置；第四步，对初步设计的摄像头位置进行优化，对于冗余的设备进行删减，对于盲区进行补充；第五步，根据确定的摄像头位置，设计配套的网络层；第六步，进行现场施工，完成硬件安装和调试；第七步，采用摄像头对图像、声音进行采集，调整摄像头运行参数；第八步，对照图像、音频识别需求，编写对应的算法；第九步，进行实际的无人化巡视试运行，检验系统有效性。可以看出，应用层的需求是所有工作的源头，必须先确认，如果未经深入的需求分析，直接进行现场摄像头的安装，必然出现数据采集盲点和布点浪费。智能变电站的典型应用无人化巡视、程序化操作、现场安全监护，实现应用的方法有很多，并不局限于某个特定的技术，从满足需求的角度出发，适用即可。

5.1.2　终端层

终端层的作用是采集各类物理信号以及执行应用发送的指令，终端层包含所有智能变电站的传感器、执行器，具体包括可见光摄像头、红外热成像摄像头、巡检机器人、温湿度传感器、UWB 定位装置、微小电流监测传感器、电化学传感器、速度与位置传感器、声波传感器、无线电信号传感器、站用设备控制器等。终端层是智能变电站系统的底层，既是基础信息的来源，又是指令的执行者。终端层设备应遵循结构最简化和接口标准化两个主要原则。

结构最简化指的是终端层设备在构成上应是高度简化的，按照实现功能结构最简单的模式进行配置，如非必要，终端层设备无需安装逻辑控制设备，这样做的主要目的是提高终端层设备的可靠性，在同样的制造水平下，结构越简单，设备的可靠性越高。终端层设备以往都以单独的小系统形式出现，例如变电站视频及环境监测系统、变压器油色谱在线监测系统等，把终端层设备当做智能变电站的顶层来建设和应用，是智能变电站建设最常见的错误，是造成各系统无法互联互通的根本原因。由于变电站是一个地理范围不大的区域，并不需要终端层具备自主控制能力，对于整个智能变电站而言，终端层的作用只有采集物理量、执行指令。甚至包括智能化程度最高的变电站巡检机器人，在整个系统中也只是起到一个可移动摄像装置的作用。终端层功能的简化，是智能变电站各层之间能否真正解耦的关键，如图 5-3 所示。

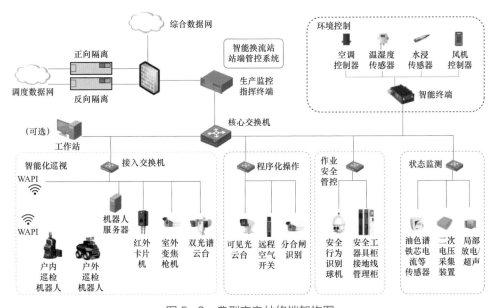

图 5-3　典型变电站终端架构图

接口标准化包括终端层设备物理接口尺寸与规格标准化、设备电源电压标准化、设备通信通道的标准化。接口标准化的主要目的是便于建设和后期的运维，避免因采用非标准设备导致设备来源受限。设备物理接口尺寸与规格应按照设备类型、用途统一，例如，所有的摄像头使用相同尺寸和孔距、孔径的安装底座，所有温度度传感器统一采用 35mm 标准导轨安装，这些标准都应在设备采购技术文件内予以明确。设备电源电压标准化是指不同的终端层设备尽可能采用同样的供电电压，从兼顾电源效率和安全性方面考虑，对于功率小于 50W 的终端设备，采用直流 12V 电压供电较为合适；对于功率大于 50W 的设备，采用交流 220V 供电较为合适。通信通道的标准化指的是通信物理层协议的形式标准化，所有终端层设备的通信协议均采用 TCP/IP、MODBUS485，例如，摄像头均采用 TCP/IP 协议，温湿度控制器均采用 MODBUS485，上述两种协议的传感器是工业领域应用最为广泛的形式，技术成熟，价格低廉。

5.1.3 网络层

网络层的作用是连接终端层与应用，为终端层提供电源与通信资源，网络层包含智能终端箱、通信线缆、动力线缆、交换机屏、动力电源屏、蓄电池等。网络层的建设投资占变电站整体智能化改造费用的 30%左右，是智能变电站建设的核心内容，其原因是，网络层的建设难度最高、成本最大、使用周期最长。在变电站进行智能化建设，敷设各类线缆、安装各类箱体的工程难度远大于计算机程序开发的难度，网络层建设质量的好坏直接决定了智能变电站运行的可靠性。忽视网络层建设，也是智能变电站建设的常见错误，例如，在变电站内安装摄像头，将摄像头的电源线与变电站的检修电源回路、照明电源回路简单连接，后期使用时，变电站内一关灯就将摄像头的电源断开了。网络层的建设必须严格遵循先设计、再施工的原则，统筹考虑网络层各设备的布点、路径，对于在运变电站，还应考虑网络层建设需要的设备停电。网络层的建设同样需要遵循结构最简化的原则，尽可能减少不必要的网关、路由器、交换机等设备的数量，能采用线缆直达的尽量采用线缆直达，只有在采用线缆直达模式经济上不合理或是施工建设难度过高的情况下，才考虑增加路由设备。简单的网络结构可以大大减少因为节点设备故障导致的问题，同时也可以保证数据的高效传输。

5.2　电力视觉技术应用

5.2.1　概述

机器视觉系统是指用计算机来实现人的视觉功能，也就是用计算机来实现对客观的三维世界的识别。人类视觉系统的感受部分是视网膜，它是一个三维采样系统。三维物体的可见部分投影到视网膜上，人们按照投影到视网膜上的二维图像来对该物体进行三维理解（对被观察对象的形状、尺寸、离开观察点的距离、质地和运动特征等的理解）。

机器视觉系统的输入装置可以是摄像机等，它们都把三维的影像作为输入源，即输入计算机的就是三维客观世界的二维投影。如果把三维客观世界到二维投影像看做一种正变换，则机器视觉系统所要做的是从这种二维投影图像到三维客观世界的逆变换，也就是根据这种二维投影图像去重建三维的客观世界。

机器视觉系统主要由图像的获取、图像的处理和分析、输出或显示三部分组成。图像的获取实际上是将被测物体的可视化图像和内在特征转换成能被计算机处理的一系列数据，它主要由照明、图像聚焦形成、图像确定和形成摄像机输出信号三部分组成。视觉信息的处理技术主要依赖于图像处理方法，它包括图像增强、数据编码和传输、平滑、边缘锐化、分割、特征抽取、图像识别与理解等内容。经过这些处理后，输出图像的质量得到相当程度的改善，既改善了图像的视觉效果，又便于计算机对图像进行分析、处理和识别。

机器人视觉系统主要是利用颜色、形状等信息来识别环境目标。以机器人对颜色的识别为例：当摄像头获得彩色图像以后，机器人上的嵌入计算机系统将模拟视频信号数字化，将像素根据颜色分成两部分，即感兴趣的像素（搜索的目标颜色）和不感兴趣的像素（背景颜色）。然后，对这些感兴趣的像素进行 GB 色分量的匹配。为了减少环境光度的影响，可把 RGB 颜色域空间转化到 HIS 颜色空间。

电力视觉技术是计算机视觉在电力系统中的应用技术，它是电力人工智能的重要组成部分，是一种利用机器学习（深度学习）、模式识别、数字图像处理等技术并结合电力专业领域知识解决电力系统各环节中视觉问题的技术。其中，电力视觉检测是一种实现电力系统中视觉目标和缺陷检测任务的电力视觉技术。传统变电站设备巡视主要依靠人工巡视，巡视效率低，观测精度低，对于数据分析的工作量巨大。电力视觉检测可较大地降低电力设备诊断的工作强度、提高自动化水平和准确性。

电力视觉检测判断方法有图片对比和典型缺陷识别两种。

1. 图片对比

通过对同一点位不同时间拍摄的多张图片进行对比，当图片出现不同时，排除干扰因素后，判别状态是否正常。

2. 典型缺陷识别

收集典型缺陷样本照片，对图像识别系统进行典型缺陷识别训练，通过大量样本图片持续学习后，图像识别系统可对特定缺陷进行自动识别。

5.2.2 电力视觉检测系统

5.2.2.1 系统概述

电力视觉监测系统通过巡检机器人、高清云台摄像头、无人机等数据采集终端获取数据，开展数据分析，自动推送异常图片要求人工复核，自动识别设备典型缺陷。

5.2.2.2 电力视觉检测关键技术

电力行业设备众多，缺陷与异物种类繁多，复杂多变。与通用的目标检测模型所用数据集物体类型差别较大。其数据取自现场拍摄，环境复杂度更高，且识别目标更加多元，不仅识别物体，还需要识别物体的一些特性，如破损、模糊等。缺陷类图像存在共性特征，而异物类图像则千差万别，需要采取模型针对性加强及图像针对性处理。

5.2.2.3 系统组成

1. 采集终端

用于采集现场视觉数据。

（1）智能机器人。基本可实现设备点位全覆盖，但在非常靠近设备的位置，其观测范围受限，如图5-4所示。

（2）室内轨道机器人。可识别压板状态、面板指示灯、切换把手、快分开关、表计等，如图5-5所示。

（3）白光云台。可识别50m以内的设备本体外观、30m以内的表计，但摄像机需正对监控对象，表计与摄像机夹角应大于30°，如图5-6所示。

图 5-4　智能机器人

图 5-5　室内轨道机器人

图 5-6　白光云台

（4）双光谱云台。部署在主控楼等高处位置，对地面摄像头无法观测位置进行补充，如图5-7所示。

图5-7　双光谱云台

（5）无人机。无人机由人员操作或者计算机程序控制，能从设备高处开展巡视，机动灵活，能弥补机器人和固定摄像头的不足，如图5-8所示。

图5-8　无人机

2. 数据分析终端

核心为分析软件，可搭载不同硬件，用于对收集到的数据进行分析处理，输出相关结果。

（1）设备状态识别，如图5-9所示。

（2）表计数据读取，如图5-10所示。

图 5-9　设备状态识别

图 5-10　表计数据读取

（3）缺陷识别，如图 5-11 所示。

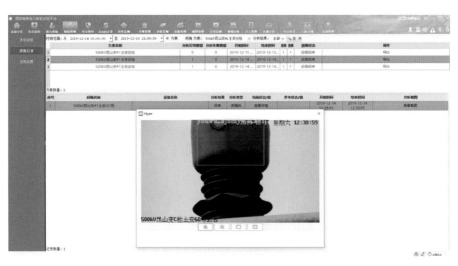

图 5-11　缺陷识别

5.2.3 电力视觉检测技术的优势

电力视觉检测技术应用于变电站设备设施巡视，以视频、红外等各类设备或传感器为载体，具备自主导航、自动记录、图像采集、智能识别、远程遥控等功能，实现室内外全覆盖巡视，弥补人工巡视的不足。实现巡检模式转变，实现"人工巡检"模式向"机巡为主、人巡为辅"变革。

电力视觉检测技术自动分析采集数据，形成巡视结果和巡视报告，及时发送告警。同时具备实时监控、与主辅监控系统智能联动等功能。实现工作模式转变，将运维人员工作重心从现场巡视抄表等重复低效劳动转移到设备入网质量管控与运行状态分析上来，从源头把控设备质量，深化落实设备主人制，强化运维管理，有效提升设备运行质量，保障电网运行安全。

» 5.3 声纹识别技术应用 «

5.3.1 概述

可听噪声伴随着变电设备运行产生，噪声大小、时域波形、频谱特性与设备的运行电压、电流、机械状态、绝缘状态等诸多状态密切相关，电力设备的诸多异常状态，如过电压、过负荷、直流偏磁、部件松动等都会伴随有噪声变化。声纹识别技术是近年来新兴的一种电力设备诊断技术，其主要原理是利用传感器和高速 ADC 对噪声信号进行采集，把声信号转换成电信号，并将其中与设备运行特性相关的信号进行分离，使用计算机进行识别和分析，实现非接触式检测与诊断。

1. 阈值判断

阈值判断是一种简单的判断方法，划定一个正常的声强值，当传感器侦测到超过阈值的声信号时，即认为是异常信号，该方式主要用于声信号的初筛，减轻后台系统的分析工作量，无法给出定量的结论，需要结合其他方法进行分析。

2. 包络线分析

包络线分析一般用于断路器、隔离开关等设备动作过程的检测，其检测原理是预先测得正常动作过程的时域和频域信号，形成包络线，通过比较传感器信号与包络线的相关系数，判断动作过程是否正常。此方法高度依赖原始包络线的准确度，通常需要人工设定，且各不同设备之间难以通用，一般只用于实验室检测，很难在实际工程中大规模应用。

3. 特征波形提取

特征波形提取是最具发展前景的方法，其工作原理类似于图像识别，可以利用图像识别中的模式识别、深度学习等方法，但声纹特征值的提取难度要远高于图像识别，其主要原因是对于声纹与某些特定故障之间关联性的机理尚不完全明确，在进行模型训练时，难以进行人工干预。目前，只有像局部放电这样容易在实验室中复现声音信号的缺陷才可形成具有现实意义的特征波形提取算法。

5.3.2　声纹识别系统

5.3.2.1　系统概述

声纹识别系统主要由声传感器、声纹监测装置以及远程服务中心构成。声传感器接收设备 20Hz～20kHz 声音信号，并将其转化为电压信号输送至声纹监测装置，由声纹监测装置对其进行 A/D 采集、数据缓存以及数据打包处理，数据由无线或有线网络发送至服务器，在服务器完成声纹特征监测、故障诊断、健康状况评估，状态分析结果通过 IEC 61850、MODBUS、Soap 等协议传输至内网数据中心。系统原理图如图 5–12 所示。

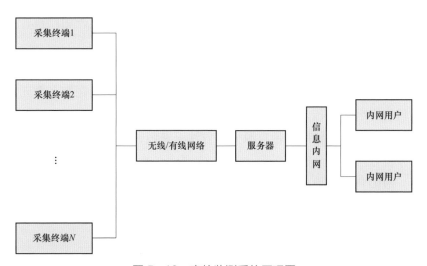

图 5–12　声纹监测系统原理图

5.3.2.2 声传感器

主要有三个类型。

1. 压电式传感器

压电式传感器是由压电晶体构成的，属于无源式传感器，主要用于超声频段信号的检测，但对于其他频段的声音不敏感。

2. 电容式传感器

电容式传感器是由上下电极、绝缘体和衬底构成，主要用于 20Hz～20kHz 频段信号的检测，可与摄像头安装在同一位置，用于替代人耳对异响的检测，通频带较大，灵敏度也较高，但受电路元件的一致性影响较大，线性度较差，通常只能作为定性分析用。

3. 磁电式传感器

磁电式传感器主要由磁体、线圈、振膜组成，对于低频声音的检测效果较好，但受变电站磁场的影响较大，容易受到电抗器等设备漏磁的影响，通常用于主变压器低频噪声的采集。

4. 声纹识别关键技术

（1）噪声分离。声纹获取方式虽然容易，但同时也包含有大量环境噪声。环境噪声大致可以分为突发噪声和稳态噪声。突发噪声突发性强，具有时间不确定性的特点，如检修施工噪声、动物叫声等。准稳态噪声在一段时间内具有一定的持续性和平稳性，在时域和频域上都表现得相对稳定，如风声、空调运转声音等。需要使用 FFT、小波分析等算法进行分离。

（2）声纹特征量分离。设备运行时的声纹在去除噪声后，仍是多种信号混叠的声纹，如机械振动与放电的叠加等，尤其是设备内部存在有多个元件时，如变压器的绕组与铁芯，它们的声音信号混叠方式复杂且未知，单一分离方法难以满足要求。需要使用子带盲源分离方法、非线性互信息盲源分离方法等多种盲源分析方法综合分析。

（3）故障特征模板构建。声纹特征匹配是故障判定最有效的方法。随着电力设备可靠性不断提高，故障设备尤其是高电压等级的故障设备越来越少，获取故障声纹难度不断增加，只能慢慢累积。

5.3.2.3 系统结构

1. 采集终端

用于采集、存储、传输现场声纹数据。

（1）便携式采集终端。一般由声传感器、电池、存储卡组成，用于临时性的现场检测，采集的数据通过数据线传输或存储在存储卡内，如图 5-13 所示。

图 5-13　便携式采集装置

（2）在线监测采集终端。一般由声传感器、恒流源、数据传输装置组成，用于长期放在现场采集数据，采集的数据打包后通过网络发给服务器，如图 5-14 所示。

图 5-14　在线监测采集装置

（3）机器人声纹巡检模块。结构与便携式采集终端类似，搭载于巡检机器人之上，用于代替人工收集数据，如图 5-15 所示。

（4）声音采集矩阵。由多个声传感器组成，主要用于需要对声音进行定位的现场，如图 5-16 所示。

图 5-15　机器人声纹巡检模块

图 5-16　声音采集矩阵

2. 数据分析终端

核心为分析软件，可搭载不同硬件，用于对收集到的数据进行降噪、分析，输出相关结果，如图 5-17 所示。

图 5-17　数据分析终端

5.3.2.4　系统工作介绍

以变压器声纹识别为例，系统工作流程如图 5-18 所示。

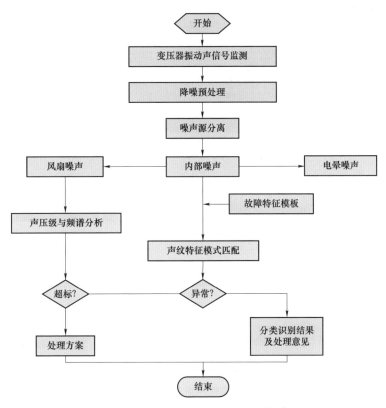

图 5-18 变压器声纹识别系统工作流程

5.3.3 声纹识别应用

作为一项新兴技术，声纹识别在国家电网系统内已经逐步开展现场应用。

1. 开关柜异常振动缺陷

湖南电力科学院在 220kV 某变电站使用声纹分析系统对 10kV 开关柜异响进行精确判断，定位故障部位为开关柜母线室间连接部位，如图 5-19 所示。

2. 220kV 变压器直流偏磁缺陷

湖南电力科学院在长沙市内某 220kV 变电站主变压器中性点隔离开关部位安装的声纹在线监测装置监测的当日 12 时至次日 12 时的 24h 连续振动分析图谱，如图 5-20 所示。

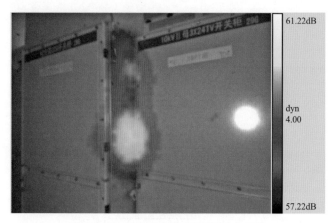

图 5-19　10kV 开关柜异常振动定位

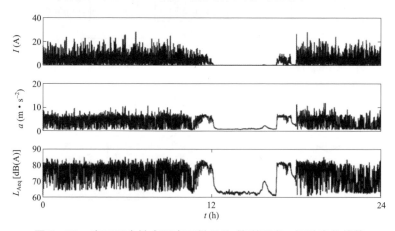

图 5-20　变压器中性点隔离开关 24h 偏磁噪声、振动变化趋势

图 5-20 中的振动变化趋势与城市轨道交通运行时间完全吻合，证明了地铁运行对变压器直流偏磁的直接影响，揭示了轨道交通引起的变压器直流偏磁的长期变化规律。

3. 电厂机组测温电缆放电缺陷

湖南电力科学院对某水电机组开展声纹测试得到的频谱如图 5-21 所示。

图 5-21 中 16～18kHz 区段的声纹频谱有明显异常，系统匹配为放电缺陷，经现场人员检查为水电机组线棒对感温电缆放电。

5.3.4　声纹识别技术的优势及前景

相比其他状态监测方式，声纹识别具有如下优势：测量设备无需接触运行设备，无需改变设备状态；监测数据获取简单，成本低；填补变电站现有监测状态量的缺失。

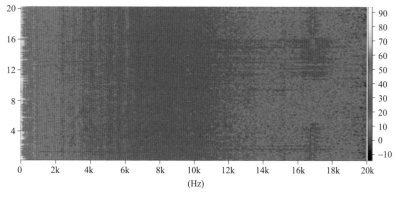

图 5-21　水电机组放电噪声频谱图

电力设备许多缺陷都伴有声纹变化，声纹识别技术可与其他状态量监测技术互相补充，有效完善电力设备全寿命状态监测体系。随着降噪算法的不断优化，故障声纹特征模板不断丰富，声纹识别技术可以广泛应用于变压器、断路器、组合电器（GIS）、开关柜、干式电抗器等变电设备运行当中，开展不良工况（如过电压、过负荷等）、设备异常（如零部件松动、绕组变形等）状态监测。

≫ 5.4　气味识别技术应用 ≪

5.4.1　气味识别技术

为了更好地对电站环境进行监控，保障工程作业安全有效地进行，在变电站、换流站中，常伴随有关于有毒有害气体检测、特定成分气体检测等的应用场景，通过该类功能实现对环境气体参数的监控，并将数据反馈至中控室，使管理人员及时了解现状，防止意外发生。在当下大多工业现场采用的方法是通过安装特定的气味传感器，对空气中的气体采样并分析成分，可以实现对不同的特定气体进行检测。例如在输煤栈桥场景，从电厂外运来的煤通过皮带传输至后续的车间，传输中的煤在高温下往往会产生一氧化碳、硫化氢等有毒有害气体，此时在特定观测点加装一氧化碳气体传感器，当气体浓度过高时进行报警，便可以及时对潜在事故的发生进行遏制。

气味检测"电子鼻"有别于一般的气体传感器，它是通过仿生学设计模拟人体的鼻子检测复杂的嗅味和挥发性成分。气味（电子鼻）传感器是采用多种性能彼此重叠的传感器和适当的工作模式来识别单一或复杂气味能力的装置。

气味（电子鼻）传感器的工作原理是建立在模拟人的嗅觉形成过程基础上

的。人的嗅觉系统的由嗅觉细胞、嗅觉神经网络和大脑皮层组成，神经末梢接受嗅感并使挥发性物质释放出气体进入鼻腔，被嗅觉小胞中的嗅细胞吸附到表面上，刺激神经末梢产生兴奋信号，最后兴奋信号传到大脑的嗅区皮层产生嗅感。同样气味（电子鼻）传感器系统主要由三部分器件构成：气味取样、气体传感阵列、信号处理单元。其模块典型的工作模式是：① 先将待测空气吸入装有气体传感阵列的腔体内，传感器的活性材料表面与气体接触后，产生电信号；② 传感器数据处理部，其对作用阵列部中与气味因素相互作用的图案进行处理；③ 根据数据库中的传感器阵列气味图谱对信号进行比对处理。工作模拟如图 5-22 所示。

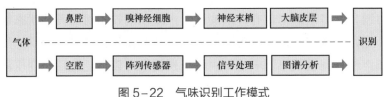

图 5-22　气味识别工作模式

气味（电子鼻）传感器识别一般内置阵列传感器单元，根据样本中的各气味因素相互作用，阵列传感器内各单元产生不同的信号，根据传感器的信号建立相应的气味图谱，再根据系统预设的嗅觉气味图谱进行识别。因此，构建大量相对应的气味识别图谱，可提高对气味特征数据的识别，形成气味传感器类似于人脑般的"嗅觉意识"。

近几年随着神经网络应用，人工智能技术再一次产生飞跃，深度学习的发展对很多智能化应用又一次给予了启示。神经网络技术作为深度学习的关键结构，相对于传统的机器学习或其他算法，所模仿的人脑结构能够基于大量数据进行训练生产、提取目标特征，从而对于电站中的识别、归类、检测等问题有更高的精确度与鲁棒性。当前基于神经网络所外延的卷积神经网络（CNN）、循环神经网络（RNN）等，在图像识别、语音识别上都有重大的突破与丰硕的成果。在现实生活中已有不少场景开始采用这种科技带来的成果进行应用，如越来越普及的人脸识别技术、在智能手机上日趋完善的语音控制功能，均得益于神经网络技术的磅礴发展。

当同样地，对于气味识别这一更加工业化的应用，其原理及方法与图像乃至语音有异曲同工之妙，采用深度神经网络或也可以实现相应的效果，实现气体检测乃至更多混合气体成分分析、分类等功能。在气味传感器技术已经成熟的今天，要想让神经网络技术用于气味识别，首先需要对气体数据进行采集与归档，这样神经网络作为特征提取与分类器而言便可派上用场，通过大量的计算可以将用传统统计方法较难实现的气体特征数据提取的工作轻而易举地实现，这样后续的分类工作难度也将大大降低，特定气体气味识别将不再是难题。

5.4.2　气味识别应用场景

气味识别传感器基于仿生学设计，较适合做定性判断、复杂多组分气体定性判断，而对于定量判断逊于单一组分的气体传感器，因此在变电站中应用场景较为受限。

5.4.2.1　巡检机器人用气味传感器

目前在人工智能技术发展的推动下，越来越多的工业现场开始采用移动式的机器人进行现场巡检工作。巡检机器人的投入使用让现场巡检工作更加灵活便捷。在运行过程中对异常气味检测则变得更加智能化、灵活化，可以具有更高的实时性以及全方位的检测效果。对于巡检机器人，气体传感器可以直接搭载于机器人上，由机器人主控板或附加的控制器、通信模块等同时采集多路传感器信息，对同一现场需要对多种气体进行实时全方位监控的需求，即可通过采用同一主板对不同传感器分别采集气体信息，完成检测功能。这样不仅解决了原有的固定传感器安装法不能全方位、多种类检测的问题，同时还大大降低了下位机或通信模块的资源占用情况，使气体检测以及其他传感功能更加集中，也使传感器与主控板或数据处理单元的构造更加精简、集中。

5.4.2.2　封闭空间内有毒有害气体气味检查

对于变电站中气味识别的应用，结合深度神经网络技术并搭载独立的算法，可以通过对变电站中的气味数据进行多方位的采集，并根据需求对气体成分指标进行自定义，这样对于混合气体的检测识别将转换为对普通数据的数学处理。由此，通过深度学习的分析方式可以对特定的异常气味进行识别检测。

⟫ 5.5　电力机器人技术应用 ⟪

5.5.1　概述

5.5.1.1　变电站机器人的定义及调查分析

目前，国际标准未对变电站或电力工业中使用的机器人提供特定的定义和分类。基于对世界各地变电站机器人的应用情况进行的一次问卷调查，将目前在变电站中使用的变电站机器人定义为：按照给定或自主设计的路线或任务自动移动或操作，或在距离上手动操作，以协助或取代人工在变电站全生命周期中的施工、检查、操作、维护和其他阶段执行特定任务的机器。变电站机器人通常由移动平台以及所搭载的任务执行（如检查、维护和操作）子系统、控制和监测系统、通信系统和电源组成。

调查共收集到 77 分问卷（其中 61 份涉及电力公用事业，15 份涉及制造商和研究机构/学院，1 份由咨询公司提供）。调查项目主要集中在六个维度：当前的应用情况、优势、改进方向、功能、技术成熟度、标准化要求。参与调查的人员均拥有广泛的机器人应用经验和技术专长。

1. 当前的应用情况

八家公用事业公司使用了商业化（60%）的机器人或原型（40%）。三家制造商实现了工业化生产（即生产了 200 多个机器人）。而部分公司认为，由于机器人能力不足、全生命周期成本高、运维复杂和可靠性低，目前尚无计划使用变电站机器人。一些公用事业代表表示不知道变电站机器人技术。调查结果进一步显示，变电站机器人的运维主要由变电站人员进行，或外包给运维服务商。机器人标准化主要集中在技术性能、测试和资格以及安全方面。

2. 现有变电站机器人的功能

现有的变电站机器人主要用于室外和室内环境，以及电缆隧道。巡检机器人现已广泛部署在变电站执行各项巡检任务，如设备检查、视觉确认和监控等。目前最大的研究内容是研制检修机器人，用于建造和操作的机器人也在开发中。

3. 机器人应用于变电站的关键技术

检测装置：可见光摄像机和红外热成像仪是目前变电站机器人最常用的检测装置。搭载声学传感器、超声波传感器和紫外线成像仪的机器人也有应用。正在开发的机械手和特殊工具作为当前机器人的功能扩展。

移动平台：最常见的移动平台包括轮式、腿式和履带式，无人机也已得到重视。

导航：GPS 和磁轨导航是以前最常见的机器人导航技术。近期技术发展为二维和三维激光映射和导航，目前正在开发视觉导航。

通信：WiFi 为最常见的通信方法，其他技术包括蜂窝和有线通信。

控制：一半以上的应用机器人采用自主控制、执行复杂操作所需的机器人则采用远程操作。大部分机器人已实现从机器人本体到变电站信息系统的数据传输，其中 50%以上的网络安全策略已经到位。其余机器人则由机器人进行数据的自动存储和处理数据。

4. 优势方面有待提高

在变电站应用机器人的主要优势有：

（1）变电站人员更安全。

（2）更高的运维效率。

（3）生成重要的运维数据。

（4）降低运维成本。

机器人应用的主要挑战在于检查/操作功能和操作的可靠性。根据大部分公用事业公司的反馈，机器人的操作需要更方便，而制造商则需要进一步提高机器人的环境适应性。

5. 技术需求和发展趋势

在尚未使用机器人的公用事业公司中，有超过 50%的公司愿意在变电站运维中使用机器人。其中 13 家公用事业公司表示，计划在五年内引进机器人。所需的功能主要包括变电站设备状态监测、运行安全监测、目视确认、设备维护、恶劣天气下的巡检等。不愿意在变电站运维中使用机器人的公司则表示，机器人能力不足（54%）、全生命周期成本高（50%）、操作和维护复杂（33%）和可靠性低（33%）。

公用事业、研究机构和使用或开发机器人的制造商希望能进一步提高现有机器人系统的性能，扩大功能范围，并进行更深入的开发。在较少使用变电站机器人的公用事业中，红外热成像、视觉检查以及紫外线成像和部分放电检测是最常见的功能需求。这些公司还希望机器人能进行安全检查、设备维护和应急响应。

5.5.1.2　变电站机器人的分类

机器人按应用场景、工作区域、操作模式、移动机制和导航手段分类如下。

1. 按应用场景分类

（1）建筑机器人。用于变电站建设的各个阶段，包括测量、设计、施工、安装等。

（2）巡检机器人。用于变电站巡检，包括基于视觉的设备状态识别、抄表、红外测温，以及对变电站主要设备或其他特定设备或部件（如变压器或气体绝缘开关设备（GIS））的局部放电检测等功能。

（3）检修机器人。用于变电站检修，包括带电冲洗、清扫等功能。

（4）操作机器人。用于变电站设备运行，包括带电运行（如断路器和开关柜运行）、消防等。

2. 按工作区域分类

变电站机器人的工作区域可定义为机器人执行任务的区域，大致可分为室外、室内和设备内部。

（1）室外机器人。机器人部署在没有遮挡的区域（例如：开关场），因此应能够在复杂环境中工作，并且能承受雨、雪、风以及阳光直射、极端温度和不同的地形等。

（2）室内机器人。机器人在室内工作，如继保室、开关室和换流站的阀厅内。

（3）设备内部机器人。机器人部署在特定的设备内，如变压器或 GIS 内部。

3. 按操作模式分类

（1）遥控机器人。机器人是远程操作的。操作员向机器人发出操作命令，机器人执行操作员发出的指令。

（2）半自治机器人。机器人具有一定的自主性，但在一定程度上仍需要人工干预。

（3）自主机器人。机器人完全自主。机器人可以在没有任何外部影响的情况下自主展示，自主执行任务。

4. 按移动方式分类

（1）基于轨道的机器人。基于轨道的机器人沿着安装在室内天花板或墙壁上的轨道行走。通常用于空间有限的室内环境或难以进入的工作区域。

（2）旋转机器人。轮式机器人通过使用电动轮在地面上移动。虽然与其他类型的机器人相比，旋转机器人更容易安装和控制，但旋转机器人不能很好地穿越障碍物（如：岩石或陡峭的地形），或者通过低摩擦力的表面。

（3）跟踪机器人。履带机器人采用履带来实现粗糙地形上的移动。在转弯时，通常需要动力并限制速度。

（4）无人驾驶飞行器（无人机）。无人机是基于飞行平台设计的，因此主要用于对变电站的概观检查。由于有效载荷有限，无人机目前主要携带摄像机捕捉线路和变电站设备的图像。

（5）无人水下航行器。此类机器人全密封，无渗透，可浸入变压器油中检查变压器的内部缺陷。

5. 按导航手段分类

当机器人沿着磁轨道移动时，可根据所采用的导航技术进行分类。

（1）全球定位系统。实时运动学（RTK）–GPS 定位精度近年来有了很大的提高，目前已达到厘米级。然而，当受到线路和设备等物体遮挡时，机器人在变电站仍不能很好地工作。

（2）磁轨道。机器人沿着嵌入到地面的磁片提供的磁轨道移动。这种方式需要进行大量的基础设施改造，而且由于磁片容易损坏，因此不太可靠。

（3）激光雷达（LiDAR）。室外机器人过去是采用 2D LiDAR 设计的，由于只提供了有限的扫描距离和范围，因此严重限制了定位的可靠性。由于近期价格下降，制造商越来越多地使用 3D LiDAR。目前是大多数机器人使用的最有效的导航方法。

（4）视觉导航。机器人在基于视觉信息的大型视觉复杂环境中导航。这一新兴技术有望在未来成功实施。然而，由于图像处理算法不够先进，视觉导航很容易受到光照的影响。因此，这种导航技术更适合照明条件相对稳定并可控制的室内应用。

（5）组合导航。这种导航结合了上述两种或两种以上的技术。

在本节中，变电站机器人按应用场景进行分类，即主要分为建筑机器人、巡检机器人、检修机器人、操作机器人。由于机器人在变电站建设中的应用较少，本书主要介绍巡检机器人和检修机器人。

5.5.2　变电站巡检机器人

5.5.2.1　要求

巡检是变电站运维的一项重要任务。机器人可替代人工执行巡检任务，特别在危险环境或恶劣天气时。采用巡检机器人可保证人员安全、降低劳动力成本，增加巡视频率。通过在机器人上安装传感器（如相机、红外热成像仪、紫外成像仪、局部放电传感器等）完成检查及巡检任务（如拍照、抄表、开关状态检查和数据分析）。

采用巡检机器人协助或替代人工巡检，需要改进机器人功能，提高自主操作能力、环境适应性，以及提高机器人的可靠性和稳定性。巡检能力：巡检机器人需观察设备状态及采用相机捕捉图像，用于远程监控或自动分析。也可以通过传感器（如红外热成像仪和局部放电传感器）获得实时巡检数据，传输到监测和控制系统。机器人通常配置保证横向和纵向旋转的平移和倾斜系统，可实现信息的灵活采集。机动性：为了满足室外和室内巡检要求以及特殊的巡检任务，巡检机器人需要具备广泛的运动能力（如爬坡和越障）才能在工作环境中有效地移动，并应配备电池管理系统以满足耐力要求。信息传输：巡检机器人应具有可靠传输信息的能力，传输远程控制命令和巡检数据。定位和导航：

巡检机器人需具有高精度定位，必须能够自主移动。人−机界面（HMI）：工作人员可通过 HMI 编辑巡检任务，监视设备的运行状态，获取检查结果，以及查询报告。环境适应性：巡检机器人需要适应环境的干扰，如风、雨、冰雹、雪、沙子、灰尘和不同季节的温度、湿度变化。为了避免来自变电站设备的干扰，还需要满足电磁兼容性。

此外，由于机器人需要在远方或在无人或最小人为干预的一些特殊环境中长期工作，因此需具有高的系统稳定性，主要包括巡检结果的可靠性、机器人本体的鲁棒性，以及可接受的故障率。由于易于维护也很重要，机器人的设计应足够简单，以便于现场工作人员可以解决任何问题。

5.5.2.2 架构及功能

1. 架构

目前，巡检机器人系统一般是通过在移动平台上搭载检测装置巡检的方式来实现对变电站数据的采集、处理和分析。机器人系统主要由以下部件组成：移动平台、检测系统、控制和人机界面系统、通信系统等辅助装置。

部分机器人系统配备了辅助导航装置或远程中央控制系统，可完全自主或通过手动遥操作，对变电站设备进行本地巡检、自动状态识别和远程视频巡检。

（1）移动平台。典型的移动平台由移动机构、控制系统、电池管理模块和其他由特殊操作环境决定的组件组成。轮式和轨道式移动平台在实际中最为常见。移动平台可以携带环境传感系统。允许自主定位和导航，中央控制系统可借此控制机器人本体。控制命令基于一组预定的任务或者通过遥控器发出。为了实现自主定位和导航，机器人一般携带多种传感器，如超声波传感器、全球定位系统装置、2D 激光扫描仪、3D 激光扫描仪、立体照相机、气味计、惯性测量装置（IMU）。

（2）检测系统。检测系统由检测传感器、数据采集和处理模块，以及平移系统和倾斜系统或升降系统组成。目前的数据采集系统主要包括以下检测装置：高清变焦照相机、红外热成像仪、地电波（TEV）或超高频（UHF）传感器、紫外成像仪、超声波传感器。

（3）控制和人机界面（HMI）系统。控制和 HMI 系统由监控系统、HMI、智能控制分析软件和控制器组成。有些系统为外部系统提供接口。例如，机器人与变电站的生产管理系统（PMS）、辅助监控系统和安全子系统有接口，因此，当有报警时，机器人将迅速移动到报警点进行检查和监控。

（4）通信装置等辅助设备。为了实现自主巡检，大部分巡检机器人通过无线通信与控制系统互联。有些还配备了其他辅助设备，如电池管理系统、辅助导航设施和环境传感系统。

2. 系统功能

目前的巡检机器人能够检测各种室外设备、室内面板或机柜以及特定变电站设备中的缺陷。巡检任务包括变电站设备的实时监控，基于可见光图像的自动识别、热缺陷的检测、局部放电的检测、缺陷信息管理。其中许多机器人还能在变电站内进行自我定位和完全自主导航，可进行自主巡检。

（1）视觉成像和设备状态识别。目视检查是检测可见异常的唯一手段，因此是变电站内最重要的巡检任务。工作人员通常会使用高品质的相机、高分辨率传感器和高比例变焦镜头来进行这种检查。

目前的户外巡检机器人采用图像处理和模式识别技术，实现了仪表读数和开关设备的开关状态的自动识别，并进行故障检测。典型的巡检机器人的识别率可达到 80%以上。针对异物识别和变电站设备漏油的检测算法也在开发中。

1）仪表读数自动识别。目前，采用霍夫（Hough）变换、支持向量机（SVM）和深度神经网络（DNN）技术，变电站机器人可以识别各种各样不同的仪器，包括指针仪表、数字仪表和界面显示仪表。这些算法可以保证，无论环境条件如何，室外仪器的识别率能超过 99%。

2）自动识别设备合/分状态。除了自动读取表计读数外，变电站机器人还可以通过检测吸湿器的颜色或者获取设备相关的结构信息，来识别断路器、隔离开关（如剪刀式、旋转式或折叠式隔离开关）以及吸湿器的状态。由于分类算法和线路方向检测的优点，在正常天气条件下，识别精度可达 100%。

3）指针的自动识别。负责巡检室内设备的变电站机器人可以通过确定亮度变化或检测闪烁的有无来识别指示器的状态。根据颜色模型的色调、饱和度和数值（HSV），可获得每个指示器的亮度水平，并将其与预先设定的阈值进行比较，以确定指示器是否开启或关闭。该技术已广泛应用于变电站室内检测，识别精度可达 100%。

（2）红外成像和热缺陷检测。变电站巡检机器人通过红外热成像仪采集红外热图像来检测发热缺陷，从而自动检测电流/电压致热型设备中的热缺陷。尽管与视觉成像的相机相比，热成像相机的分辨率有限，但对于高端热成像相机来说，640×480 像素分辨率还是很常见的，而且有些模型还提供了更高的分辨率（例如 1024×768 像素）和软件增强。这些相机的主要优点是图像捕获频率高，可以快速检测出任何热点和异常操作状态。即便是不在常规巡检流程中的设备也可以进行发热监测，这是非常有价值的。有时小设备引发的问题和故障也会在变电站其他地方产生不利的影响。

红外热成像仪主要用于：

1）变电站范围内的检查，对整个变电站的设备进行全方位的温度扫描。

2）精确测量单个设备的温度，机器人检测变压器、仪表及开关触头和母线接头等其他设备，实现变电站设备和元件的全覆盖。

（3）声发射测量。变电站内声发射的测量可以达到多种目的。首先，由人耳或麦克风和数字测量系统直接捕获到的声音可以辨识出电晕和电弧，气体泄漏（压缩空气或 SF_6）或变压器状态异常。这种类型的检查对周围噪声水平高度敏感，在某些情况下可能是不可行的。由于巡检机器人上通常配备了声发射探测器，能够获取环境以及设备发射的实时声信号，并将数据传输到控制系统进行分析，因此可以通过巡检机器人来克服这些问题。巡检机器人还可以测量变电站的总体噪声水平，以确认敏感地区（如城市地区）的可接受（或监管）的噪声水平。

（4）局部放电测量。迄今为止，基于超声波和射频分析的局部放电（PD）检测技术已成功应用于室外和室内检测。室内和室外应用通常采用不同的局部放电检测技术。由于室外设备大多暴露在空气中，所以主要采用以下检测技术：紫外成像装置、超高频（UHF）检测仪器、超声波局部放电检测仪、地电波（TEV）检测器。

在大多数情况下，采用超声波和 TEV 方法相结合的方式来检测开关柜和环网柜的局部放电。轨道式的室内巡检机器人也配备了这类传感器，但由于电源、电机及无线电产生的噪声背景干扰，较低的局部放电量很难检测到。一些基于无人车（UGV）的室外巡检机器人安装了在线日盲紫外成像仪，用来检测变电站局部放电的强度，并通过分析历史数据定性地评估设备的局部放电强度。

机器人还可以通过将超高频检测仪与室内控制面板和机柜接触的方式来检测变电站设备之间的局部放电分布。目前机器人可进行信号的自动采集，这有助于手动局部放电检测。紫外线局部放电探测器成本高、寿命短，光子图像的质量因设计而异，因此没有被广泛应用于手动或机器人的检测。

（5）数据展示与管理。除了上述可见光成像和识别、红外热成像和检测以及声音测量外，目前机器人还能将图像、视频和声音信号实时传输到监控系统，有利于及时评估巡检数据、可见光图像和红外热图像以及现场声音，从而使运维人员能远程实时获取变电站信息。

根据检测到的发热缺陷和设备异常，机器人系统可以自动分析温度变化和历史趋势，并比较同类设备或相间的温度变化。这些智能分析和诊断便于自动确定设备故障并报警，以供运维策略的制定。该系统还可生成红外温度测量或异常现象的报告，并自动将检测数据（如温度、开关状态和仪表读数）和缺陷告警上传到其他信息管理系统。

（6）自主和遥操作。当变电站部署了巡检机器人，运维人员可以自行确定机器人的日常任务以及巡检时间和位置。机器人可以根据预设的自主巡检任务时间表，或在手动远程控制下进行专项巡检。这种灵活性有助于及时地对相关设备进行巡检，并减少运维人员的安全风险。

1）自主。如果变电站巡检机器人的例行巡检任务可以定期重复或按需要重复地自动执行，那么就特别有价值。

巡检任务设置界面应与最常用的系统一致，使现场运维人员能够轻松添加、删除或修改巡检任务。在理想的情况下，常规的巡检也可以实时修改，以防发生紧急情况或意外事件。例如，操作人员可以远程控制机器人完成计划外的巡查，然后再恢复到自动巡检的序列任务。

2）远程操作。尽管自主巡检是机器人的最终目标，但在紧急情况和高度非结构化的环境中，仍然需要远程操作来推进巡检。

5.5.2.3　关键技术

以下各节概述了变电站巡检机器人使用的关键技术，可大致分为以下几类：机器人移动技术，即机器人在其环境中能自主移动、自行定位，并检测障碍物；巡检技术，即巡检需要的信息获取和分析技术；交互式控制软件，即机器人控制和人机界面系统涉及的软件技术。

1. 移动机器人技术

（1）移动平台。

1）轮式移动平台。大多数巡检机器人采用轮式移动，可以在相对平坦的地面上灵活有效地行走。然而，在有限的空间内，轮式传动机构的移动受到很大的限制。为了克服这个缺点，开发了全方位轮式移动平台，除了原有功能外，还提供了直线移动、横向移动、斜角移动、绕圈和原地转弯等功能。

全方位轮式移动平台的主要技术挑战来源于运动学计算，因为每个车轮的转向角和驱动速度需要根据底盘的预期速度来确定，为此建立了运动学模型。实际上，由于机器人的移动速度相对较低，因此并不总是考虑动态效果。目前，大多数移动平台的移动速度约为 1m/s，承载能力小于 100kg。

对于室内巡检，如配电室和计算机室，需要可灵活移动的小型机器人，这时通常将机器人安装在小型移动平台上。在整体机器人设计中，通过有限元分析，优化部件和部件的数量和结构，实现重量低于 40kg，整个紧凑平台的尺寸通常小于 600mm×500mm×780mm。

2）跟踪移动平台。为使机器人能够在不同的地形上行走，对传统的轮式移动操作机构进行了改进，并开发了几种适应性更强的移动操作机构，如四轮和前后摇臂关节、六轮和前后摇臂关节以及行星轮式传动机构。履带式移动平台对地质特征具有较好的适应性，在广泛的道路条件下可快速移动，包括软硬地面、水泥、沥青、砖块、冰、雪、砾石和草；也可穿越电缆沟、小型排水沟、路堑、不同层级的人行道与楼梯之间的台阶，实现整个变电站的平稳运行。虽然履带式移动平台适用于变电站内常见的所有地板表面，但由于能量效率低、轨道磨损、道路损坏和需要频繁维护，因此不常使用。

3）轨道导向移动平台。目前，轨道引导移动机器人主要用于室内环境中承载和导航机器人的移动平台，并提供电源和通信线路等硬件。水平移动平台安装在钢轨上，利用平台与驱动机构之间的摩擦驱动平台产生水平运动。水平运动模块主要由平台体（包括转向架、导轮、驱动轮、从动轮组等）、执行机构系统（马达）、定位模块（读卡器）和电源模块组成。这些模块提供承重、移动和定位功能，并允许移动平台以高达 0.5m/s 的速度水平移动，水平定位精度为3mm。

另一方面，阀厅巡检机器人沿垂直导轨上下移动，以扩大其检查范围，满足阀塔的爬电距离要求。云台使机器人能够在阀厅进行详细全面的设备检查，这对于换流阀尤为重要。每个导轨垂直安装在阀厅的墙上，带有同步带，带动滑座上下移动。滑座安装有辅助控制箱和所需的巡检子系统。钢轨由铝合金型材组成，同步带由伺服电机驱动，将机器人的移动平台向前推进。

4）基于无人机的巡检平台。无人飞行器，特别是多旋翼无人机，非常适合于某些类型的变电站巡检。与其他类型的运载工具相比，无人飞行器可以在其环境中更自由地移动，并提供更快的巡检速度和更大的覆盖范围。然而，无人飞行器的飞行时间短（几十分钟），对强风和寒冷天气等环境条件的敏感性阻碍了它们的广泛应用。此外，它们只能携带几千克的有效载荷，而其他平台在需要时可以携带更重的有效载荷。

目前，无人机主要采用远程操作模式，以完成视觉和发热检查。虽然也有将无人机设置为自动飞行模式的情况，但通常要求操作员在场，并随时准备在意外情况下控制飞行器。

在立法允许的一些罕见情况下，变电站巡检可由非直接视线内的自主飞行（即视觉视线之外，简称 BVLOS）来完成。对于这种类型的操作，运载工具和飞行软件的保真度必须很完美。随着立法的发展和技术的不断成熟，BVLOS 飞行巡检将得到更广泛的使用。

（2）自主定位。如前所述，机器人的关键要求之一是自主定位能力。基于轨道的机器人通常依靠轨道和定位标记来确定位置。另一方面，无轨机器人与 2D/3D、LiDAR、GPS、视觉和超声波设备等感知系统集成，实现定位和导航功能。

1）全球定位系统＋IMU。近 10 年来，随着技术的飞速发展，GPS 的实时性能和定位精度得到了很大的提高。差分 GPS 和 RTK 将 GPS 定位精度提高到了几厘米，完全满足了变电站巡检机器人的导航要求。当并入系统时，GPS 基站放置在开放区域的固定位置上，而 GPS 流动站则安装在机器人身上。数据链路将基站产生的差分数据传输到流动站。流动站获取观测到的 GPS 数据，并结合接收到的差分数据，准确计算其天线中心位置。

在惯性导航的情况下，通过并入机器人结构中的光电编码器和陀螺仪计算巡检机器人的位移，以确定机器人在移动到下一个目的地之前的当前位置和方向。由于惯性定位误差随机器人位移的增加而增大，当需要更精确的定位和导航时，可能需要 GPS 和 IMU 的组合。

2）激光雷达（LiDAR）。LiDAR 利用飞行时间（TOF）技术扫描周围环境。通过计算 LiDAR 发射的激光束的飞行时间，可以确定附近物体的距离和周围环境的轮廓。这种方法非常可靠，因为它不受变电站内通常遇到的强磁场的影响，还可以有效过滤环境水分（如雨滴、雾滴和雪花），使巡检任务能够在所有天气条件下执行。

一个典型的 LiDAR 定位导航系统利用 LiDAR 和里程计建立了基于同步定位和映射（SLAM）技术的变电站二维或三维地图。将 LiDAR 观察到的实时信息与地图匹配，可获得相关的定位信息（包括机器人的位置和方向）。最后，导航控制系统利用上述定位信息将机器人导航到目标位置。

与巡检机器人使用的其他定位和导航方法相比，LiDAR 具有抗外部电磁干扰、位置计算准确、不需要钢轨、路径规划灵活等优点。

借助三维点云图，一些轮式机器人可以在变电站内自行定位。这些机器人的环境扫描半径为 60m。使用扫描匹配算法［如迭代最近点（ICP）］，以估算其当前位置的最适分数，使用合适的滤波方法确定最佳位置和方向。结合里程表的信息，可以估计机器人的下一个位置和方向，从而使用迭代方法来更新定位。借助这种方法，机器人可以以几厘米的精度和 5Hz 的频率自主定位。

3）基于视觉的技术。最近在基于视觉的定位和导航方面投入了大量的研究工作。目前巡检机器人通常配备可见光相机，用于捕捉周围环境的图像。应用图像处理技术（如特征识别、距离估计和三维重建）自动感知环境（地面、障碍物等）获取机器人的位置，并制定随后的巡检计划。然而，由于室外环境的复杂性和光线对图像采集的影响，视觉导航只能在良好的照明条件下使用。目前，该领域的技术还处于实验阶段。

作为研究的一部分，提出了一种基于二维图像视觉的导航系统，利用三维重建和深度学习技术实现变电站道路图像的语义分割和行进路线的自我识别。

（3）自主导航。为了实现自主巡检，巡检机器人需在没有任何外部帮助的情况下，能在变电站内独立导航。这种自主导航能力必须依赖于前面描述的机器人的自我定位能力。

自主导航可以定义为一个路径规划问题，其中机器人车体将导航到所需的路线，并通过连续的路径点。移动机器人演示的路径规划算法有许多变形，有些是专门为静态环境设计的，其中周围的物体被认为相对于机器人车体是静止的。这些方法不太适合变电站环境，其中静态物体可能随着时间的推移而移动，和/或动态物体（如人类或车辆）可以跨越机器人的路径。这种动态环境需要一种动态自适应的路径规划方法。随着公共道路上自动驾驶车辆的出现，这种方法已经大大成熟。

在获取机器人的位置和方向后，计算当前位置和目标位置之间的直线路径，以检查路径是否与导航地图中安全路径的边界碰撞，从而确定两点之间是否存在可通过的直线路径。如果发生碰撞，路径规划将失败，导航将终止。否则，将使用步长自适应和插值算法计算当前和目标点之间的检查点序列。其次，利用路径跟踪和 PID 算法使机器人能沿着导航路径移动，最终实现对目标点的高精度和高稳定性导航。

要在任何环境中部署机器人，必须确保障碍物检测的准确。这可以通过各种传感器来实现，视觉相机和激光是最常见的。红外摄像机或热成像摄像机也可以用于检测人体和其他有温度的元件。

（4）交互。由于一个典型变电站占地面积很大（几千平方米），无线通信在整个变电站范围内必须是可靠的。

变电站无线网络覆盖半径可超过 1000m。然而，巡检机器人所需的带宽（可能传输视频图像和其他实时巡检数据）相对较高，因此不考虑任何低带宽的无线技术。最重要的是，必须确保通信安全，以防止任何安全漏洞。

1）无线网络。目前，WiFi 通信由于其成本低、适应性强、可扩展性好、维护方便等优点，是户外巡检机器人常用的通信方式。

2）有线网络。有线通信是一种高度可靠、安全的通信方式，因此在机器人中得到了广泛的应用。它由正式建立的协议管理，如 RS232、RS485、I2C、CAN 和 Ether CAT。由于有线通信相对不受外部干扰的影响，因此可用于实时控制。

3）信息安全。信息安全是无线通信应用中的一个重要问题。例如，无线电波是渗透的，可以在机器人的工作区域之外进行监测。因此，如果不采取适当的安全措施，可能会导致机密信息泄露，甚至恶意操纵机器人。这种安全漏洞可以通过在发射端安装加密模块和在无线通信系统的接收端安装解密模块来克服。

（5）对环境的适应性。变电站巡检机器人必须能够在任何气候条件下可靠运行，不受变电站设备的干扰。除了雨、雪和沙尘暴，机器人还必须承受预期的环境温度变化。

1）电磁干扰。巡检机器人内部所有高精度电子元件应采用电磁屏蔽。此外，在充电过程中应采取隔离和过滤措施，以避免外部电源的干扰。目前，户外巡检机器人抵抗电磁干扰的能力受适用于变电站运行维护的官方标准的要求制约。

2）粉尘和水的抗渗性。根据 IEC 60529 的规定，粉尘和水的最低防护程度为 IP54。

3）抗风能力。较重的、重心较低的机器人更耐风，因此在无人车（UGV）模式下可能表现得更好。对于无人机（UAV），通常通过提高 GPS 精度来提高抗风能力。利用这种技术，无人机在 10m/s 以下风力工作良好，当它在空中盘旋时，水平位移和垂直位移可分别限制在 1.5m 和 3m 以内。

4）热限制。所有机器人都应提供适当的通风和冷却系统，以提高机器人的可靠性。这通常足以满足在温和气候下工作的机器人（例如，在 5～25℃温度范围内），而对于更极端的环境，必须安装特定的元件来适应大范围的温度变化，必要时需要主动加热或冷却机制。

（6）电源管理。巡检机器人的电源管理系统分有线型和无线型，分别通过电缆和电池传输电力。电池驱动的机器人需要按计划使用有线或无线充电器充电。有线充电技术已经足够成熟，有广泛的应用，无线充电技术仍处于实验阶段。

在选择电池时，应考虑电压等级、电池容量、电池大小和重量。在实际应用中，应根据巡检工作量设定每个机器人的连续工作时间。需要时，机器人将自动前往指定的充电地点。机器人充电完成时，充电将自动停止，机器人保持待机状态，直到恢复正常运行。对于典型的户外轮式机器人，充电过程目前需要 4～6h，可为长达 8h 的操作提供足够的电力。

2. 检测技术

目前，大多数巡检机器人基于预设的停留点和设计了可见光和红外巡检特性的巡检装置，通过对捕获数据的处理和分析，实现设备状态的识别。当预先确定室内/室外变电站巡检机器人的巡检路线上的停留点和捕获角度时，执行以下程序：

建立变电站设备在巡视路线上所有预设停留点拍摄的可见光图像的图像库。采用图像匹配技术，对图像库内每幅图像中每一件设备的位置进行标记。此外，信息文件用于记录图像中所有设备的类别、位置和 ID。

利用图像处理和模式识别技术，将机器人在停留点实时捕获的可见光图像与图像库中相应的可见光图像进行匹配。获得匹配设备的所有检查项目的位置。

采用预置方法对匹配的设备进行检测，如果检测数据偏离手动预置参数阈值，则导出设备的 ID 号和准确位置。

设备信息的自动获取需要图像在定点重复捕获，从而基于图像分析算法实现设备的精确定位和状态检测，而历史设备信息的比对可辅助设备故障诊断。

（1）可见光图像捕捉。巡检机器人捕获的可见光和红外图像质量越高，巡检的整体质量越高。特别是在室外环境中，图像很可能受到定位误差、光照条件的变化以及云台系统的累积误差的影响，导致它们不符合后续图像识别的条件。为了克服这些问题，机器人系统应从多个方向和多个方面辨别不正确识别的原因，并通过聚焦伺服、曝光伺服和图像校正来提高图像质量。

巡检机器人运行过程中可能会出现定位错误，云台系统旋转错误等不可预见的问题，导致目标设备从视野消失或完全偏转，状态识别失败。为了校正云台系统的旋转角度，根据图像信息开发了一种基于视觉的云台校正技术。此外，在图像捕获结果方面，为减少室外干扰因素（光线、景深等）的影响，室外巡检机器人应用了一种区域聚焦和曝光技术。

（2）设备状态识别。巡检机器人获取的室内/室外设备图像可能由于照明条件差或照明不均匀而受到高噪声和低对比度的影响，这将对后续的图像处理结果产生不利影响。因此通常采用图像预处理和滤波技术来消除来自室外环境的干扰，如雨、雪和光。在实际中，准确的图像匹配和模式识别有助于设备外观和运行状态的自动识别。

1）基于结构特征的识别。通过对图像的预处理，可以实现对各种仪器的自动识别，以结构数据（如剖面和形状）为基础，获取和分析仪器的关键特性，这种方法的识别率接近 100%。

2）基于颜色分析的状态识别。吸湿器通常用于过滤空气中的水分。为了检查这一过程的有效性，机器人将通过分析吸湿器中填充材料的颜色和饱和性（99%的识别率）来确定颜色变化。

3）指示灯的识别。指示灯通常用于室内柜体和面板。它们的大小、形状和颜色各不相同。机器人在检测时，通过应用预处理算法消除光晕的影响，通过图像分割、特殊光照分析等技术实现了高效率的状态识别。

4）基于机器学习的检测。设备外观缺陷也可以通过机器人识别。虽然这些缺陷差异很大，但由于数据有限，目前开发一种识别算法仍具有挑战性。然而，机器人可以通过使用深度学习技术来识别设备生锈和绝缘子损坏。例如，锈迹识别依赖于区域提议网络（RPN）和完全卷积网络（FCN）方法，所产生的结果可见一斑。

a. 字符识别。数字仪表，如避雷器操作计数器在变电站中很常见。为了准确地捕捉显示的信息，巡检机器人使用的数字仪器识别算法必须对环境具有很强的适应性。为此，对室外环境中捕获的图像进行预处理，以消除光的影响，从而降低图像噪声。对显示区域进行划分，识别单个数字的位置，提取数字的特征，并使用由几个子分类器组成的基于机器学习的分类器来确定它们的含义。该方法的识别准确率高达 99%。

b. 外来物体的识别。异物对输配电设备也起着至关重要的影响。由于它们的大小、形状和类型不同，难以开发精确的识别算法。目前，根据以往巡检中捕捉到的图像，通过深度学习，大多数机器人可以识别风筝、鸟巢、白色塑料袋、火焰、烟雾和建筑车辆。尽管如此，对外来物体的识别算法仍不成熟，需要进一步的开发和测试。

（3）红外成像（IR）检查。通过将采集到的热像与红外图像数据库中的相似图像进行比较，可以识别设备红外热成像中的热点，并分析各部件的温度特性。结合电流、电压和气象数据对所有已识别的异常设备进行全面诊断，如有需要，将发出超温警报。

（4）声音/噪声测量。通过拾音器采集设备运行中的声音，并通过基于时域和频域分析的声音特征提取来识别声音信号。当检测到异常声音信号时，发出报警信息，避免发生事故。目前，基于射频的故障诊断正在研究中。

（5）局部放电检测。

1）基于紫外（UV）成像的局部放电（PD）检测。通过分析紫外成像仪观察到的电晕成像光子的数量，可以识别室外高压设备放电。紫外成像能够检测空气中的电晕和其他部位的放电，为此，已开发出电晕相机。紫外线成像还可用于高压设备的污染和异常放电检查，以及绝缘子放电、电线损坏和泄漏检测等。通过对历史数据进行分析，运维人员能够及时发现问题，消除漏电等危害，快速准确地定位放电部位，检查设备运行情况。目前，由于不同厂家生产的检测仪器的参数设置不同，光子图像的质量差异很大。但在大多数情况下，可以通过比较长时间内在固定位置和角度收集的紫外图像中的光子计数来初步确定放电水平。

2）基于频率信号分析（UHF 和 TEV）的 PD 检测。射频技术可用于分析设备内部的绝缘情况，因此其应用越来越普遍。当设备内部发生放电并发射出射频信号时，表明有局部绝缘失效，即将发生严重的设备故障。射频分析也可以反映设备内部正常电弧的发生，例如断路器操作期间。然而，为了最大限度地发挥其效用，必须对射频信号进行细致的过滤和解析，以排除其他外部射频发射源（如蜂窝网络）的影响。射频天线能检测到放电的存在，通过三角剖分计算可以确定放电的位置。射频系统可以固定在变电站内，也可以采用移动式，将天线安装在检查车上。

由天线和数据采集硬件组成的系统可以集成在变电站巡检机器人上，如果机器人能够自定位，采用单个天线、多位置的测量的方式也可以实现局部放电检测和定位。不过，由于射频特征太复杂，目前还不能对测量结果进行自动分析，仍需要人工分析。未来软件对射频测量的分析能力可望超过人工。

3）基于超声波传感器的 PD 检测。基于超声波测距和瞬态接地电压（TEV）的局部放电检测已在室内巡检机器人中得到了应用。机器人采用自动延伸机构将检测组件移动到目标装置表面。由于可以连续监测局部放电，通过对检测数据进行频谱和趋势分析，可以获取设备绝缘信息，准确、及时地识别故障，自动发送警报，进行合理的维护、修理甚至更换。

超声技术用于电晕和空气中其他放电的局部放电测量。放电检测装置通常采用 40kHz 的频率，以避开环境噪声。

5.5.2.4 优势和挑战

1. 优势

根据问卷调查结果和公用事业对机器人应用的详细回顾，变电站机器人具有以下优点：

（1）安全。一旦变电站配备了巡检机器人，人员与设备链接的频率就会显著降低，避免了人身安全风险。

（2）客观检查。程序化的巡检机器人采用统一的检测仪器开展巡检，避免了因个人技能差异和环境的变化造成偏差，确保了工作的高度标准化。机器人提供的格式化和客观的数据大大提高了隐蔽缺陷和扩展缺陷的识别率，提高了设备巡检的质量。

（3）劳动强度降低。巡检机器人可以有效减少运维人员的工作量。变电站运维人员不需要进行重复和艰苦的工作，只需要对巡检结果进行审核确认，并对已识别出故障的设备进行评估。

（4）增加巡视频率。配备集成检测装置的机器人工作更频繁、更有效，特别是可以对异常设备和缺陷及时跟踪，减少延误，防止重大事故发生。

（5）智能分析。基于巡检机器人捕获的信息，变电站工作人员可以对设备进行综合分析，如历史测温分析、三相数据比较和历史趋势分析，以支持状态评估决策，提高巡检质量和管理水平。

2. 挑战

目前，变电站部署了大量的机器人，为变电站运维提供了新的技术手段。由于室外环境恶劣，以及变电站内某些检测环境的限制，巡检机器人需要具备较高的环境适应性和功能性。主要面临以下挑战：

（1）自主移动。目前，在结构化工作区域中使用的路面机器人能够感知、自定位和导航（2D/3D 激光导航），但是，当环境改变时，障碍物检测及定位会遭遇失败。目前的路面机器人在遇到障碍物时会停止工作。因此，它们准确收集线性目标、低洼道路、人员和障碍物信息的能力需要大大提高。

对于无人机巡检，面临的挑战是如何在避开变电站高空的所有障碍物（结构和路线）的情况下安全导航。

（2）覆盖范围和准确性。由于图像采集设备和环境条件（如下雨、阴天和阳光直射）对图像的质量有显著影响，因此如何提高识别精度仍然是面临的主要挑战。

现有机器人还不能执行一些复杂的巡检任务，从而限制了它们的实际效用。

（3）可靠性。恶劣的条件，如极端的温度、雪和沙尘暴，对机器人的稳定性和性能提出了很高的要求。到目前为止，机器人在中国的使用仅限于某些省份。例如，在中国东北地区，漫长的冬天无法使用传统的轮式机器人，电池性能也在低温下下降。同样，在中国的一些沿海地区，机器人的元器件也受到盐雾的严重腐蚀。此外，在高原和其他以高温、湿度为特征的特殊地区，对机器人的保护和环境适应性提出了更高的要求。

（4）信息安全。由于机器人本体和监控系统之间的信息传输通常是基于无线网络的，这就带来了很大的安全风险。为了实现变电站内机器人监控、控制系统、PMS、ERP 和智能辅助系统之间的互联，必须提高信息安全。

（5）成本很高。目前用于变电站的巡检机器人仍需满足与环境保护、功能和操作可靠性有关的严格要求。因此，需要进一步投资开发新功能和改进性能。与机器人操作、维护、维修和升级相关的高成本也将对使用单位和制造商构成相当大的挑战。

（6）统一接口。目前，不可能为不同的机器人更换不同的部件或模块升级。为了提高可维护性和互换性，有必要加强基于统一硬件接口的机器人标准化和模块化设计。此外，监测和控制系统的统一接口将有助于统一管理。同样，与变电站和中央管理系统中使用的其他系统的接口也需要标准化，以确保信息安全，同时降低研发和运维成本。

5.5.2.5　趋势

本节主要简述变电站机器人的未来发展趋势。在中国和新西兰，电力公司已经在变电站中使用机器人开展设备巡检。在大数据和基于 AI 的深度学习算法等新兴技术的驱动下，以及日益增长的应用需求下，小型化、模块化、易于操作、智能化、低成本的机器人有望在不久的将来得到发展。机器人系统的稳定性和易于维护仍然是这项工作的主要挑战。为了满足变电站运维提出的新的机器人要求，变电站巡检机器人的研发团队可以集中在以下几个方面开展攻关。

1. 灵活机动

目前，大部分巡检机器人要求道路平整，但很多变电站是做不到的。因此，可以在不同地面上行走的机器人将有更大的需求。基于多传感器（3D 激光、陀螺、惯性导航、GPS、视觉等）的导航也需要进一步研究，以消除由道路颠簸和攀爬等问题引起的运动误差。变电站机器人应能在任何地形上行驶，并应配备能安全运行的传感器。复杂和动态环境下移动机器人同时定位与建图（SLAM）也为机器人系统提供了精确的位置信息。

2. 可靠的检测

（1）红外热成像检测。采用高分辨率红外技术，提高温度测量的清晰度和精度。此外，采用红外热像分析，减少环境温度和周围设备温度造成的干扰，提高峰值温度的准确检测。

（2）目视检查。将进一步探索基于图像和视频的变电站状态识别技术，重点识别变电站内的异物；检测漏油、变形、裂缝、烟雾、雾和火灾，甚至检测变电站的环境变化。随着视觉检测覆盖面的扩大，机器人的工作范围将扩大，从而减少了人员现场工作。

（3）声学检测。目前，机器人只能收集和播放环境声音，没有能力进行声音分析。正在开发检测和分析变电站设备声音的技术，目的是让机器人通过声学、超声波和其他检测仪器检测特定设备（如变压器）发出的异常声音。

（4）紫外检测技术。目前正在开展采用紫外成像技术在线定量分析 SF_6 气体泄漏，以及基于紫外的漏油在线检测技术，有必要在机器人中有效利用紫外成像仪。

（5）局部放电（PD）检测。目前用于机器人的 PD 检测技术无法进行在线分析。因此，应加强 PD 检测的定量分析。

3. 智能操作

（1）自主。当机器人与变电站系统互联时，可以根据变电站分析软件的指示，自动发送与巡检任务相关的信息。特别是对于高风险设备，需要精心配置关键设备跟踪监控和一键式顺控等功能，提高机器人巡检的独立性和针对性，更好地满足智能变电站自动运维的要求。

（2）深入学习。监测数据量的增加和人工智能领域的深度学习，将用于提高机器人的智能水平，从而获取更多的信息自动识别外来物质。预计将开发一个通用的机器人智能类大脑系统，用于智能感知、规划、决策、操作和交互，增强机器人的智能，实现人工和机器人之间的无缝协作。

（3）大数据分析。中央控制系统将扩展到机器人运维管理、多站数据分析、监控系统标准运维管理、机器人移位控制等任务。本系统可与其他系统互联，全面对比分析相关大数据（如历史检测趋势、同类型检测数据、设备基础信息）以及智能异常数据挖掘，提高故障预测能力，从而协助制定维护策略。

（4）人—机交互。未来与变电站相关的三维信息可以与机器人的实时状态集成，以增强变电站的可视化，提高机器人的交互。虚拟现实技术应用于人—机交互系统中。语言交互也是改善智能人—机交互的一种有价值的方法。

4. 系统集成

（1）集成到其他变电站系统中。目前，由于信息安全问题，大多数室内/外巡检机器人系统没有直接连接到变电站运维管理系统。为了克服这些问题，中国已经在尝试将辅助控制数据（如安全、消防和环境监测）集成到机器人系统中。安全通信模块也正在通过电力专用网实时开发和应用，为机器人系统与常规电网的其他操作系统（调度 SCADA、人力资源系统、财务系统和监控系统）相结合提供技术支持。

（2）统一接口。为了保证与其他变电站系统可靠的信息交换，应规范统一的接口和协议。为此，应设计机器人检查模块，用于检查数据，以匹配相应的 PMS 模块。

（3）协同操作。目前大多数可用的机器人系统都为变电站监控系统和信息集成提供了接口，使机器人能够与其他运维任务协调运行。例如，在切换操作期间，机器人通过最佳路径规划自动移动到目标设备，而控制中心的操作员可以视频监控整个操作，以确认操作执行正确。

5. 未来的应用

一种配备了智能决策模块的新型机器人，用于室内/外变电站巡检，自动检查变电站内的所有一次、二次、辅助设备和设施。

机器人适应各种环境，如沙漠或无人居住地区的变电站、极端寒冷的地区、高原以及其他炎热和潮湿的地区。

目前正在开发用于 GIS 缺陷识别的机器人，包括 GIS 局部放电检测机器人、X 射线检测机器人和空腔检测机器人。随着研究和开发的进展，预计将为 GIS 的检测提供更有效的手段。

鉴于无人机在输电线路巡视中的广泛应用，变电站室内/外设备的无人机巡视也得到了广泛的研究。根据目前在变电站巡视中使用的机器人技术，正在开发针对其他场景的巡检机器人，例如计划部署在水力发电厂、风电场和光伏发电厂的巡检机器人。

6. 机器人服务模式

租赁是机器人的一种新的商业模式。一些厂家已提供机器人运维服务，由用户支付租金。未来，这种新的商业模式将降低机器人运维成本，提高巡检效率，减少资产投资，使更多用户能负担机器人的费用。

目前正在开发一种用于多机器人管理的集中式机器人控制和监控系统。控制中心操作员可以获得来自不同变电站的每一台机器人的状态，便于进行闭环管理。

5.5.3 变电站检修机器人

5.5.3.1 概述

变电站设备检修一般需要停电工作，停电不仅会存在停电风险，带来经济损失，可能降低供电可靠性。因此，在许多国家，如法国、美国、加拿大和巴西，首选带电检修，如引线断开和连接、清扫和清洗等，在变电站中的某些设备已经实现。然而，人工带电检修具有很高的风险，其特点是效率低、操作困难，因此必须配备严格的安全保护和屏蔽措施。为了完成变电站高风险的带电检修，国网山东电力开发了两种类型的机器人，用于不同的带电检修任务。

1. 带电冲洗机器人

带电冲洗机器人通常用于清洗外绝缘，如支柱绝缘子、避雷器和设备套管。机器人成对使用，而不需要停电。这款机器人已经在 220kV 变电站开展应用。

2. 带电检修机器人

此类多功能机器人可以完成后绝缘子清洗、干冰爆破、异物去除、断线修复等带电工作。目前已完成 220kV 变电站的设备带电检修。

5.5.3.2　带电冲洗机器人

由于长时间的室外运行，变电站设备表面容易被灰尘污染。在经常受到雨雪影响的环境中，绝缘性能会迅速下降，导致闪络。为了防止污闪的发生，通常对设备进行停电冲洗。这个问题可以通过带电冲洗机器人来解决，确保不间断供电，无需停电操作，同时提高冲洗性能和工作效率。最重要的是，使用带电冲洗机器人将保证人员的安全。

1. 系统组成

带电冲洗机器人系统主要由冲洗机器人本体、辅助冲洗机器人、高压去离子水产生装置、远程控制系统组成。

冲洗机器人本体通常由移动平台、绝缘升降平台、液压阀和喷嘴组成。辅助冲洗机器人包括履带式移动平台、垂直绝缘升降机构、云台和喷嘴。高压去离子水产生装置包括移动装置、去离子水产生装置、储水装置、高压水泵。WiFi网络设备、运动控制器和电磁阀构成了远程控制系统。

2. 系统功能

冲洗机器人本体用于清洗高处的悬式绝缘子、耐张绝缘子串、柱式绝缘子、外部绝缘部件（如电压互感器和电流互感器等大直径通电设备的套管）。辅助冲洗机器人通常协助清洗位置较低的支柱绝缘子、隔离开关的绝缘子以及避雷器等外部绝缘。高压去离子水产生装置为机器人提供可靠的高压水源，其电阻率达到 1MΩ。主控制系统通过 WiFi 网络设备、运动控制器等实现对整个机器人的控制。

5.5.3.3　带电检修机器人

由于变电站设备通常密集地布置在可用的空间中，人工带电维护具有挑战性，操作效率和质量无法保证。为了克服这些问题，开发了具有多种功能的带电检修机器人。

1. 系统组成

带电维修机器人主要由机器人本体、高功率密度液压机械手、控制系统、作业工具包组成。

机器人本体由履带式移动平台、绝缘升降平台、机械手组成。高功率密度液压机械手由主、从机械手组成，而专用工具包括干冰爆破装置、刷洗装置和断裂导体修复、绝缘气体泄漏检测套件。

2. 系统功能

（1）干冰爆破。干冰爆破装置通常包括空气压缩机、干冰破碎装置和喷嘴。干冰爆破是一种最先进的固体 CO_2 清洗技术。作为清洁介质的颗粒，固体二氧化碳会升华成 CO_2 气体去除污染物，可以避免常见的外部电气绝缘闪络事故。

（2）清洗。在机器人平台上安装刷洗装置，用于支柱绝缘子的带电清洗。刷洗装置由绝缘柱、传动齿轮、环绕装置、刷子和电机组成。绝缘机械手抬起刷洗工具，并将环绕装置的中心与绝缘子的轴线对齐。在电机的驱动下，刷子在环绕装置中沿环形齿轮旋转和移动，刷洗整个绝缘体表面。

（3）清除异物。在机器人平台上安装高功率密度液压机械手，将变电站内线路中的异物清除。

（4）导线断股的修理。该装置主要由修理夹、夹持机械手、导体对准装置、传动机构和控制系统组成。该装置由液压机械手夹紧完成导线的对准和修复，适用于截面面积高达 $400mm^2$ 的导体临时维护。

（5）绝缘气体泄漏检测。SF_6 气体泄漏带电检测机器人系统主要由移动小车（履带车）、地面绝缘传送云梯、机械臂、地面基站和 SF_6 气体检测单元组成。

移动小车采用轮—腿—履带复合型移动机构，它可根据地面障碍物高度的不同，采用轮式、履带式越障，也可以采用腿—履带、轮—腿—履带复合方式越障。

绝缘云梯安装于移动小车之上，其作用是携带机械臂实现升起和下降的运动，使机械臂能够到达指定的作业高度，实现对被测对象的近距离检测。

机械臂安装于绝缘云梯末端，机械臂携带取气管运动到被测对象附近，被测对象泄漏的 SF_6 气体通过取气管被抽取至检漏仪的检测单元，通过地面端的检漏仪完成 SF_6 气体的检测。

地面基站可实现对履带车、绝缘梯和机械臂的控制。

（6）变电站悬式绝缘子带电检测及更换。变电站悬式绝缘子带电检测及更换机器人正在研究中，有望在未来一年实现变电站悬式绝缘子低、零值带电检测，以及单片绝缘子的带电更换。

5.5.3.4 优势和挑战

1. 优势

与人工操作相比，变电站检修机器人具有以下优点：

（1）安全。检修人员可以远离危险区域，远程操作机器人，确保人身安全。采用多级绝缘和泄漏电流实时监测，确保机器人安全。采用激光、超声波、视觉和其他传感器提供的数据相结合的信息融合技术，确保机器人本体与通电设备之间的安全距离。

（2）模块化和标准化。为方便切换，统一接口，开发了用于机器人系统的标准化工具。各种检测装置集成在这些标准化工具中，用于收集和评估相关参数。随着机器人作业的标准化，在提高工作质量的同时，降低了人为误差。

2. 挑战

机器人的应用提高了带电检修的安全性和可靠性，但仍面临以下挑战：

（1）尺寸。目前的机器人设计倾向于注重灵活性、安全性和可用性。然而，对于商业用途，需要更紧凑和更轻便的机器人。

（2）功能性。需要清洗绝缘子的专用工具，专用工具携带有清洗绝缘子的洗涤剂和防污闪络涂料（如 RTV 涂料）。

（3）绝缘。在高电压下工作时，安全第一。因此，未来机器人技术的研究和开发课题之一将是绝缘材料和绝缘安全设计，目的是提高在极高电压下工作的变电站机器人的绝缘性能。

（4）智能。人工智能、激光、机器视觉和其他尖端技术有望应用于机器人，使它们即使在复杂和动态的环境中，也能够从周围环境中获取更准确的位置信息。

5.5.3.5 结论

机器人可以协助或取代人工在带电的变电站完成各种检修任务，包括带电清洗、干冰爆破、绝缘子刷洗、异物清除、断股修复和绝缘气体泄漏检测。在国内，带电冲洗机器人和部分检修机器人已经分别在 110kV 和 220kV 变电站试运行，而干冰爆破、异物去除和断股修复的检修机器人仍需进一步验证，以确保其电气绝缘符合操作要求。

展望未来，随着相关技术的发展，机器人将成为变电站带电检修的关键手段，以应对上述挑战。

5.5.4 现有和新兴的机器人系统

5.5.4.1 户外巡检机器人

室外巡检机器人可以在变电站内自主或远程工作，以协助或替代人工工作。机器人巡检范围覆盖变电站内大部分设备，包括主变压器、断路器、隔离开关、电流互感器、电压互感器、避雷器、电容器、并联电抗器、继电保护等辅助设备。

5.5.4.2 室内巡检机器人

虽然室内设备（如继电器室、GIS 室、电容室等）的安全对于变电站运行至关重要，但设备状态信息通常是通过人工现场巡检获得的。

在我国，为了加快这一进程，进一步推进无人操作，研制了室内设备自动巡检机器人。虽然这种机器人可以是轨道式的，也可以是轮式的，但由于室内环境的确定性高、设备位置固定和外部干扰较少，前者的设计更加普遍。机器人可以在安装在天花板或墙壁上的专用轨道上操作，并通常配备有线通信设备。为实现对多个机器人的远程控制，每台机器人连接至中央控制系统。系统数据可以传输到专门为电力行业提供支持决策的网络。

5.5.4.3 阀厅巡检机器人

阀厅作为换流站的核心部件，是容纳换流阀的封闭建筑。阀厅环境恶劣，由于在运行过程中的功耗，换流阀会产生大量热量。在中国，越来越多的换流站投入运行，以支持超高压输电线路的建设。为此，正在开发机器人，协助工作人员在阀厅内进行日常巡检。

阀厅巡检机器人主要用于检查阀塔，由于阀厅的高度和跨度，一般需要垂直导轨。轨道式阀厅巡检机器人配合辅助监控装置工作，实现阀厅设备全覆盖。牵引线用于供电，有线通信用于远程控制系统。辅助监控装置安装在固定点，执行与轨道式巡检机器人相同的巡检功能。当组合使用时，这些装置可以增加检查覆盖范围，消除盲区。

5.5.4.4 电缆隧道巡检机器人

对于电缆隧道的检查任务，在空间有限的情况下，使用了专门设计的电缆隧道巡检机器人。在中国，开发了几代隧道巡检机器人，如图 5-23 所示。除了高分辨率红外热成像仪、可见光摄像机、化学气体传感器外，这些机器人还可以携带消防装置，如超细干粉自动灭火器，并可用于检测电缆隧道中的任何异常设备温度，以及进行火焰检测和自动灭火。

图 5-23　电缆隧道巡检机器人

5.5.4.5　变压器内部巡检机器人

电力变压器是电力系统中至关重要的设备。变压器内部检测机器人可以在变压器内部移动，并携带图像采集和识别设备来收集和传输信息。在这种情况下，不需要对变压器排油，增加了变压器的维护效率，降低了整体的运维成本。变压器内部检测机器人已经在几个现场测试中被证明是成功的。

5.5.4.6　GIS 设备巡检机器人

为了提高 GIS 设备故障诊断效率，满足新设备调试前验收检查和 GIS 腔内定期检查的要求，目前正在开发两种机器人：基于 X 射线的 GIS 巡检机器人、用于 GIS 腔体检查的机器人。

1. 基于 X 射线的 GIS 巡检机器人

为了克服 500kV 变电站 GIS 检测手动安装设备的缺点，目前正在开发两台带有机械手的移动机器人。机械手分别配备了 X 射线机和 DR 成像板，加快了设备的安装、位置调整和 GIS 检测，从而节省了时间，提高了精度。这些移动机器人已经在 GIS 变电站（非现场工作）进行了测试。

2. 用于 GIS 腔体检查的机器人

该机器人由移动底盘、检查臂、清洗模块、电池组、控制板、驱动电机和凸轮轮组成。移动底盘设计为弧形结构，根据 GIS 型腔形状，机器人可以借助四个凸轮在型腔内全方位移动。

5.6 无人机技术应用

无人机巡检系统分为旋翼无人机系统和固定翼无人机系统，其中旋翼无人机分为小型多旋翼无人机、中型无人直升机、大型无人直升机。目前，无人机已广泛应用于输电线路巡视、检修和应急，包括基于无人机平台开展设备可见光巡检、喷火除异物、红外缺陷检测、通道激光扫描建模等。2017 年，广东电网公司无人机巡检中心率先提出基于无人机的输电设备全自主巡检模式。2018 年，国网冀北电力、山东电力先后也开展了无人机全自主巡检研究。2019 年，国网多家省公司陆续跟进开展无人机全自主巡检研究；南方电网已完成人工巡检模式向无人机智能巡检模式转变，并实现 2 万输电杆塔全自主巡检。2019 年，南网广东电网公司已在肇庆完成 110kV 变电站无人机全自主巡检试点，佛山、韶关正试点 220kV 变电站，云南±800kV 普洱换流站进入可研阶段。国网系统内，山东、江苏电力曾在 220kV 变电站开展避雷线、构架等高处设备巡检试点，变电站无人机全自主巡检目前都在试验阶段。无人机巡检系统系统主要包括飞行系统、导航系统、任务载荷系统、地面站系统及发射与回收系统。

5.6.1 无人机飞行系统

无人机飞行系统是无人机系统的空中部分，主要有无人机飞行本体、动力装置、操控装置和电源系统。无人机本体上安装有飞行数据终端用以通信。任务载荷也位于无人机上，但被独立出来作为独立的子系统，因为它是单独设计可以在不同无人机上使用满足不同任务需求。

5.6.2 无人机导航系统

无人机导航系统中常见的有惯性导航、定位卫星导航、多普勒导航、地形辅助导航以及地磁导航等。每种导航技术都有其自身的优势和不足，因此还有将两种不同方式进行组合的导航方式，无人机导航要根据实际的任务和负担来选择最适合的导航技术。

5.6.2.1 惯性导航

惯性导航（Inertial Navigation System，INS）根据物理学定律，由载体内部的加速度计测量其在三个轴方向运动的加速度，进而通过运算得出载体的瞬时速度和位置，测得载体姿态。惯性导航依赖自身内部机载设备实现导航任务，导航时不依靠外界环境，也不向周围散射能量，不易受气象条件限制和干扰，能够完全全天候提供导航信息和数据，具有抗干扰、设备隐蔽和自主性能好、数据更新速度快、效率高等优点，是一种自主式的导航系统。这种导航的不足是定位误差会受到时间的干扰导致定位精度变差。

5.6.2.2　定位卫星导航

定位卫星导航是通过卫星对目标物体进行定位来实现导航功能。目前较为出名的全球卫星定位系统有美国的 GPS 卫星定位系统、欧洲的伽利略卫星定位系统，中国的北斗卫星定位系统以及俄罗斯的格拉纳斯卫星定位系统。

5.6.2.3　多普勒导航

多普勒导航系统（Doppler Navigation System，DNS）是指利用多普勒效应进行导航的自备式导航设备的总称。通常由多普勒导航雷达、航向姿态系统、导航计算机、控制显示器等构成。由多普勒导航雷达测得的、与飞机地速和偏流角相对应的多普勒频移（即地面回波的频率与雷达发射的电波频率之差）信号，与航向姿态系统提供的飞机航向、俯仰、倾斜信号一并送入导航计算机，算出地速、偏流角；求得飞机位置及其他导航参数，控制显示器显示各种导航参数并实施对系统的操纵和控制。内置的磁罗盘或陀螺仪可以测算出无人机航天向角。根据以上数据，导航系统就可以精确地算出无人机飞过的航线。

多普勒导航的优点是自主性强，反应迅速，抗干扰能力好，测算精度较高，可满足各类气候地形条件的需求。缺点是隐蔽性较差；工作时受制于地形条件性能与反射面，如果反射面的反射性不好性能就会降低；测量精度与天线姿态有关；测量时会有累计误差，随着飞行距离的增加系统可能会误差增大。

5.6.2.4　地形辅助导航

地形辅助导航（Terrain Aided Navigation，TAN）是指无人机在空中飞行时，预先利用自身系统中存储的飞行线路中一些地形的数据特征，并于实际飞行中测得的数据相比较从而自动修正导航路线的一种方式。地形辅助导航还可以继续细分为地形匹配、图像匹配和桑迪亚惯性地形辅助导航。

这种导航的优点是不存在累计误差，隐蔽性能好，抗外部干扰性能较好。缺点是运算量大，导航实时性较差；导航时会受到地形的影响，所以适合地形起伏大的情况，故平原或者海面不宜布置使用；除此之外还受到天气影响，在大雾和多云等天气情况下无人机导航效果不佳；由于无人机按照规划的路线航行，所以无人机的机动性较差。

5.6.2.5　地磁导航

由于整个地球磁场是一个矢量场，在地球空间内的任意一点的地磁矢量都是独一无二的，和其他地点的矢量都不相同，而且这一点的地磁矢量与该点的经纬度是一一对应的。故而理论上只需确定该点的地磁场矢量就可以实现全球定位。按照数据处理方式，地磁导航（Geomagnetism Navigation System，GNS）可分为地磁匹配导航与地磁滤波导航。目前地磁匹配导航的应用更加广泛，这种方式预先把规划好的航行区域内某一些点的地磁矢量坐标绘制成参考坐标（或基准坐标）预置在系统中，当无人机飞过这些区域时，地磁导航系统的匹配测量装置会实时自动测出经过这些点的地磁特征向量，从而绘制出航行曲线。

地磁导航优点是没有辐射、无源、隐蔽性好，具有受外界干扰小、实时性好、全天候、全时段、不受地域限制、能耗较低等优点，这种导航不存在累计误差，但是内部事先需存储大量地磁导航数据，内存占用量较大；实时性受制于计算机系统的数据处理能力。

除上述列举的单一导航方式之外，通常会将两种或几种导航方式以某种特定的方式组合在一起，在某种程度上弥补了单一导航方式的不足。

5.6.3　无人机任务载荷系统

无人机的任务载荷系统主设备是一台日间的录像机，用于可见光检测，另外还有红外检测和紫外检测设备等。大中型无人机一般配备红外检测和紫外检测设备，小型无人机和固定翼无人机可不配备红外检测和紫外检测设备。无人机任务载荷用于锁定目标，无论其为固定的还是移动的，无人机几乎很难错失目标。

5.6.4　无人机地面站系统

无人机地面站系统（Ground Control Station，GCS）主要设备包括控制台和显示器、摄像设备以及遥信遥测设备、信号处理设备、内部/外部通信设备、地面数据终端控制设备等。地面站系统在无人系统中起着指挥和控制的重要作用，主要控制无人机飞行、任务载荷的任务、通信、无人机发射与回收等功能。

（1）系统控制单元。对系统运行参数进行实时动态监控，包括无人机飞行时的设备健康情况、飞行数据的显示和报警异常信息等。

（2）无人机操作控制单元。负责操控无人机的飞行，包括飞行路线和飞行轨迹。主要组成部分有命令控制台、飞行路线显示、预设轨道显示、导航路线和载荷视频显示等。

（3）任务载荷控制单元。用于来对无人机携带的任务载荷进行控制，主要由视频监视仪器和记录仪器组成，实时监控任务载荷情况，并将数据信息传递到后台。

（4）数据分析、处理单元。对从无人机处获取的信息数据进行分析和处理。

（5）中央处理器。主要功能有获取和处理从无人机处发送的实时动态数据；处理和显示数据；规划无人机巡航任务并上传；巡航地图规划处理；分数据汇总和总数据分发；飞行模拟；系统自检诊断和自我修复。

（6）地面发射接收终端。用于接收下行链路信号和发送上行链路信号。下行链路信号用来接收无人机的飞行状态信息和任务载荷的数据；上行链路信号用来给无人机和任务载荷发送实时遥控命令。

5.6.5　无人机发射与回收系统

在无人机的应用过程中，发射和回收是无人机能否飞起来执行任务的关键，所以发射和回收也被认为是最关键和最困难的技术，特别是起降目标地处于运动过程中时，无人机精确的降落是需要很高的要求。相比较于发射过程，无人机的回收更为复杂，能否安全利回收成为无人机性能的一项不可或缺的指标。

5.6.6　无人机巡检作业条件

巡检作业前，应提前开展现场踏勘，熟悉飞行场地，了解飞行场区电磁环境、特殊布置等。作业人员应在作业前完成无人机系统检查，确保各部件工作正常。作业人员应仔细核对无人机所需电池电量充足，各零部件、工器具及保障设备携带齐全。工作许可前，由巡检作业人员开展天气情况测定，工作许可人根据测定情况确定是否开展作业许可，如遇雨、雪、大风（风力大于 5 级，风速 10.7m/s）、能见度不足等影响飞行安全的天气，则严禁飞行。

起飞前，操作人员应逐项开展设备检查、系统自检、航线核查，检查机载电池、相机电池电量是否满足任务巡检需要，同时确认无人机是否处于适航状态。发生环境恶化或其他威胁无人机飞行安全的情况时，应停止本次作业；若无人机已经起飞，应立即采取措施，控制无人机返航、就近降落，或采取其他安全策略保证无人机安全。

5.6.7 无人机设备巡检类型

变电站（换流站）变电设备无人机巡检内容主要包括常规巡检、故障巡检和特殊巡检三大类。

5.6.7.1 常规巡检

常规巡检主要是每年对变电站相关设备进行常规性检查。无人机应以低速接近变电设备，悬停稳定后使传感器在稳定状态下采集数据，确保数据的有效性与完整性。无人机可根据实际需求调整悬停姿态及时间，一般情况下无人机外缘与待巡检设备、部件的空间距离不宜小于1m，具体距离可根据无人机性能、设备电压等级和巡检经验调整。巡检变电设备类型包括独立避雷针（螺栓紧固、锈蚀、排水孔）、门型构架避雷针（螺栓紧固、锈蚀、排水孔、斜撑柱插销）、电压互感器、避雷器（顶部接线板固定、锈蚀）、构架悬垂绝缘子（挂点螺栓紧固、金具锈蚀）等设备。

在变电站工程施工过程中，可以利用无人机对施工过程进行监督巡查，掌握施工情况和进度，在工程竣工验收、中间验收、交接验收、整改复验等过程中，利用无人机参与验收可以节省人力资源成本，提高验收效率。

5.6.7.2 故障巡检

故障巡检主要是变电设备发生如避雷针倾斜、线夹鼓胀、连接部位裂纹、金属连接部位发热等故障后，根据故障信息，确定重点巡检区段、部位和巡检内容，采用无人机进行巡检作业和精细检查。故障巡检主要是查找或确认故障点，检查设备受损和其他异常情况。

5.6.7.3 特殊巡检

特殊巡检是指针对专项任务，根据需要搭载相应设备开展专项巡查任务。在特殊情况（重大活动保供电）、特殊气候条件（雨、雪、台风等）利用无人机技术手段开展设备特殊巡视，及时掌握设备运行状态，在自然灾害发生后了解设备受损情况，为抢险抢修工作提供先导信息和线索，提高抢险抢修效率，为快速恢复供电提供保障。

无人机可搭载红外测温仪等设备，不受时间限制对设备开展红外测温特殊巡视工作，通过红外测温快速定位发现重载过负荷设备和异常发热设备，为电网负荷合理分配提供依据，及时对发热设备进行处理，有效提高电网供电可靠性。

➤ 5.7　变电站（换流站）联合巡检 ◀

5.7.1　概述

　　我国的变电站整体发展，从业务运转模式上大致经过三个阶段：第一阶段，以变电站有人值班为最突出的特点，在 2000 年之前，全国大多数变电站都是采取这样的运维模式，变电站内所有的设备均依靠人工进行现场操作，依靠电话系统传递各项指令，该阶段下平均每个变电站需要 10 人以上才可实现正常运转。第二阶段，变电站无人值班，人员定期到站模式，该模式是目前变电站的主要运维模式，部分工作在控制室实现，部分工作在现场实现，该阶段的标志为变电站的综合自动化改造，变电站内设备实现"四遥"，大多数的信号监视和设备操作工作可以在调度台或者监控中心进行，自动装置实现了远程化的数据传输，替代了人员到现场获取设备主要信号的工作，人员到站主要进行设备的定期巡视、现场操作的位置确认等，在该阶段，平均每个变电站配备 3～4 人即可正常运转。第三阶段，智能运维阶段，其主要特点是人工替代，该阶段的发展目标，平均每个变电站配备的人员数量可以降到 1 人及以下，而且变电站的可靠性和运行效率更高。

　　当前运维正处于第三阶段的初期阶段，变电站内运用了各个专业的多个系统来获取现场运维数据，如主设备集中监控系统、辅助设备信息系统、巡检机器人系统、高清视频系统等，但是，变电站主设备监控、各辅助子系统主机独立配置，形成多个信息孤岛，主、辅设备数据无法共享、交互、联动。发生设备报警时，对事件判别及处理无法提供多维度的有效支撑，智能化程度低。

5.7.2　联合巡检系统

5.7.2.1　系统概述

　　联合巡检系统打通了变电站内不同区、不同系统之间的数据传输渠道，同时通过部署正反向隔离装置、网络安全监测装置、防火墙、加密装置等装置确保信息安全，构建了覆盖全变电站信息数据收集分析处理平台，并利用大数据分析及人工智能技术集中管控终端、自动判别推送异常结果、开展辅助决策建议等。

5.7.2.2 系统组成

联合巡检系统由主系统和各个子系统及终端组成，如图 5-24 所示。

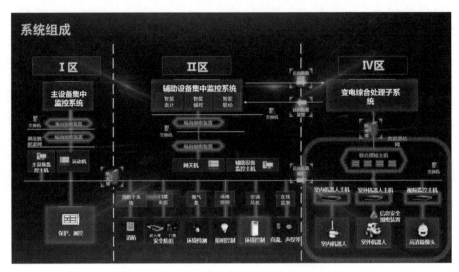

图 5-24　500kV 变电站联合巡检系统组成

5.7.2.3 系统工作介绍

1. 变电站总览界面

在总览界面展示天气情况、地图位置信息、重要视频画面以及变电站缺陷报警信息，如图 5-25 所示。

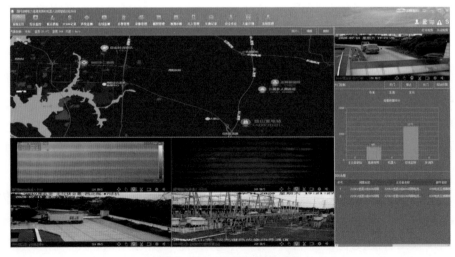

图 5-25　变电站总览界面

2. 综合监控

综合监控模块主要由巡检机器人、主设备集中监控系统、辅助设备信息系统等组成，能收集并展示站内当前主辅设备的运行情况，实现站内辅助设施控制，同时提供实时调阅站内各个视频监控装置的功能，如图 5-26 所示。

图 5-26　综合监控

3. 联合巡检

联合巡检模块主要由巡检主机、机器人、视频监控系统等组成，巡检主机下发控制、巡检任务等指令，控制机器人和视频监控系统开展室内外设备联合巡检作业，巡检完成后将巡检数据、采集文件等上送到主站系统联合巡检计划、配置、执行、管控及联合巡检报告展示，如图 5-27 所示。

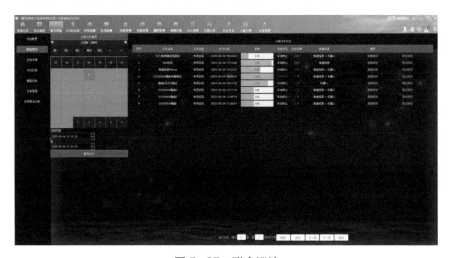

图 5-27　联合巡检

4. 在线监测

在线监测模块接入了站内声纹检测、直流（蓄电池）在线监测、油色谱在线监测、避雷器在线监测、SF$_6$气体在线监测等各类在线监测系统的数据，提供运行数据统计展示、异常数据监控及历史记录查询功能，如图5-28所示。

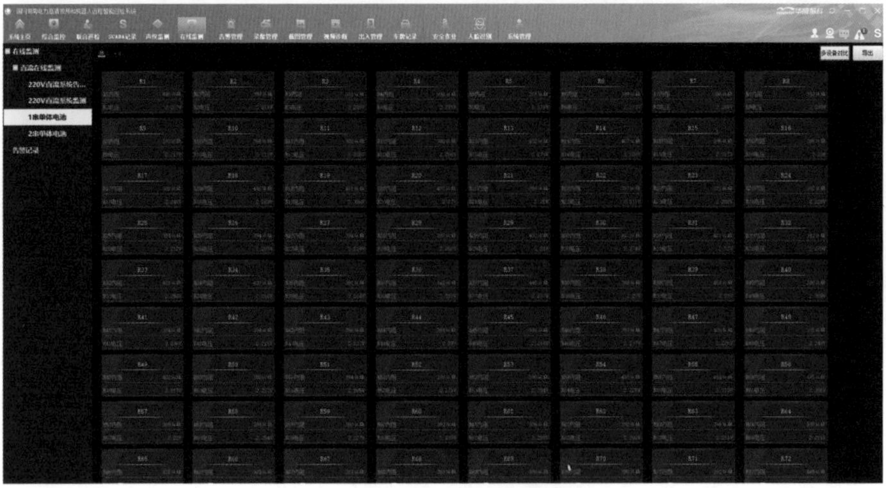

图5-28　在线监测

5. 告警管理

告警管理模块接入所有安消防、故障、在线监测等告警信息，提供全站告警信息统计展示和告警历史记录查询，并实现告警联动前端高清视频摄像机抓拍、录像功能，如图5-29所示。

图5-29　告警管理

6. 安全作业

安全作业模块由安防系统、高清视频系统等组成，通过人脸识别、车牌识别、特定动作识别等方式，实现对站内人员和车辆作业的全过程监控，并提供违规作业审核及历史违规记录查询功能，如图 5-30 所示。

图 3-30　安全作业

7. 异常、故障辅助决策

在设备故障跳闸后，主设备监控系统的上报报文、保信主站上传保护动作报告、故录主站上传故障录波至系统，系统自动形成故障简报推送至相关人员，同时故障跳闸信号通过管控平台启动站端高清视频与机器人联合巡检系统进行故障设备特巡，通过辅助设备集中监控系统自动调取故障设备在线监测信息、PMS 调取历史缺陷、试验报告、主设备监控系统调取负荷数据、联合巡检系统调取历史巡视记录等信息，最终形成故障设备检修辅助决策建议并推送至相关人员，如图 5-31 所示。

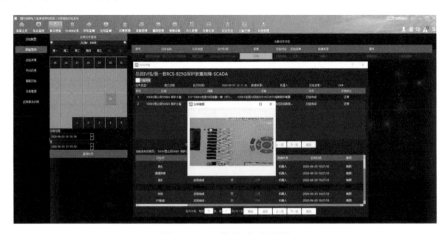

图 5-31　故障联动特巡

5.7.3 联合巡检系统优势

5.7.3.1 大幅减少巡检人员工作量

传统运维模式下，站内不同系统间采用人工搬运，联合巡检系统实现全数据共享，取代了该部分的人工作业。联合巡检系统通过机器人、高清摄像头联合巡检，将传统的"例行巡视、专业巡视、熄灯巡视、特殊巡视、全面巡视"等五类巡视简化为"智能巡检＋全面巡视"，大幅减少重复性工作，提升巡检效率。

5.7.3.2 提升生产指挥效率

传统运维模式下，基于现场人工检查及汇报开展应急指挥，但因检查时间跨度长、设备状态不明确、信息层层上报，致使无法有针对性地快速部署应急抢修工作，可能发生人员选择不恰当、物资工具准备不及时、抢修决策安排不准确等情况。

采用智能辅助决策，充分利用电力泛在物联网、人工智能、图像识别等新技术，实现设备信息多维全面、数据上报自主高效、检修决策自动智能，结合人、车、物、仪器工具智慧管控构建指挥更科学、运转更高效的生产指挥体系。

≫ 5.8 智能穿戴技术应用 ≪

智能穿戴技术是新型的人机交互形式，是一种可以穿在身上的微型计算机系统，综合运用各类识别技术（语音、手势、眼球追踪等）、传感器技术、无线通信技术、电池技术等交互及储存技术，具有简单易用、解放双手、随身佩戴、长时间连续作业和无线数据传输等特点。智能穿戴技术可以延伸人体的肢体和记忆功能，它的智能化在物理空间上表现为以用户访问为中心。可穿戴设备在变电站作业中具有广泛的应用空间，一方面可穿戴设备可以提供大量现场数据，为电网的管理、分析和决策提供实时、准确的海量数据支撑；另一方面为生产作业一线人员提供基于行为告警的智能化作业工具，保障变电站带电作业安全、标准、高效、智能，智能穿戴技术将对电网的安全生产带来前所未有的深刻影响力。

5.8.1 智能穿戴技术系统

智能穿戴技术系统包括计算机系统、网络系统、现场可穿戴设备，由于系

统业务量和数据量很大，所以应用服务器和数据库分开，数据库服务器和应用
服务器做双机，互为备份，提高应用的可靠性和保证业务的不间断性。采用有
线和无线通信等手段将计算机信息系统延伸到智能穿戴设备，实现数据采集自
动化。有线通信通过本地局域网连接到办公计算机，采用无线 WiFi 或 USB 与
智能穿戴设备连接，无线通信通过租用电信运营专用通道，实现与智能穿戴设
备的数据交换（见图 5-32）。

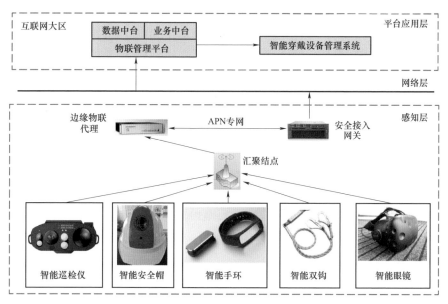

图 5-32　智能穿戴设备技术系统图

作业人员智能穿戴设备包括作业人员穿戴的超宽带通信与定位智能终端设
备、外部音视频信息采集设备、身体生理参数测量设备、微型显示控制设备（见
图 5-33）。其中 UWB 通信与定智能终端设备用于对人员佩戴的信息采集、测
量和作业设备进行通信定位，完成数据集中发送、远程信息接收分发、佩戴设
备定位监控。

5.8.2　智能穿戴设备核心技术

5.8.2.1　边缘计算技术

智能穿戴设备需要对高清照片、视频、声音、温度数据、测距数据、角度
数据、人员信息、设备信息、位置信息、时间信息进行融合，形成完整的信息
数据链，实现多源异构数据融合。

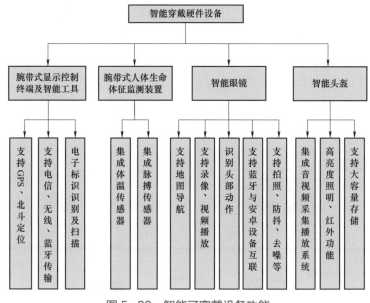

图 5-33　智能可穿戴设备功能

5.8.2.2　无线通信技术

智能设备宜支持公网、专网、DMO、APN、WiFi、GPS、蓝牙等网络制式，一机多模可摆脱网络制式对终端使用的限制，满足用户对公网、专网无缝连接覆盖的需求。

5.8.2.3　定位导航技术

智能设备宜采用高性能精准定位导航技术，支持北斗、GPS、GLONASS、GALILEO 卫星网，支持差分算法精度改正，达到亚米到厘米级准度。

5.8.2.4　信息安全交互技术

智能设备终端采集的数据与后台通信，可通过数字密钥及 NFC 工卡身份识别实现系统登录和使用，保障系统应用安全，通过电力安全加密 TF 卡（含数字证书、安全专控软件等）及专用 SIM 卡，保障数据通信安全，通过对数据进行加密存储，保障系统数据存储安全。

5.8.3　变电站智能穿戴设备

目前变电站已应用的智能穿戴设备有智能穿戴主机、智能巡检仪、智能安全帽、智能双钩、智能手环、生命体征监测仪等，极大提升了现场作业智能化水平。

5.8.3.1　智能穿戴巡检仪

2018 年，智能穿戴巡检仪由国家电网有限公司落地应用。智能穿戴巡检仪实现了高性能多传感器融合、多源异构数据融合、边缘计算分析、VR 双屏显示操作、安全信息交互（见图 5-34）。

5.8.3.2　智能安全帽

智能安全帽高度集成电池、无线通信、定位等传感技术，具有低功耗长时间运行特性，主要用于对作业现场人员作业范围管控，实时监控作业人员所在位置，判断各类作业人员是否擅自出入作业区域等（见图 5-35）。

图 5-34　智能穿戴巡检仪　　　　图 5-35　智能安全帽

5.8.3.3　智能手环

智能手环高度集成电能、无线通信、心电图、加速度、温度等传感技术，具有低功耗长时间运行特性，可用于电网高危作业人员生命体征实时监测和预警（见图 5-36）。

5.8.3.4　智能攀爬双勾

智能攀爬挂钩状态可以实时检测，实时监控登高作业人员挂钩状态，从而规范作业人员安全行为，降低高处作业过程中人员坠落风险（见图 5-37）。

5.8.3.5　智能 VR 眼镜

智能 VR 眼镜广泛应用于电网安全教育培训活动中，实现虚拟现实技术与电力安全教育深度结合，通过模拟各种电力安全事故，让学员身临其境感受事故危害，取得了传统安全教育难以比拟的效果（见图 5-38）。

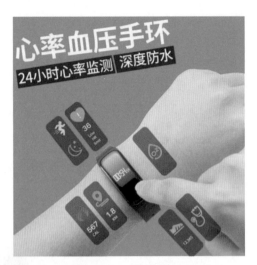

图 5-36　智能手环

图 5-37　智能攀爬双勾使用

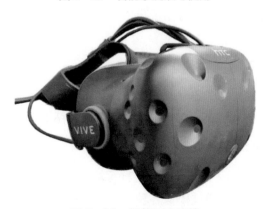

图 5-38　智能 VR 眼镜

5.8.4　智能穿戴技术发展需求

智能穿戴设备实现的虚拟/增强现实技术的发展，是科技发展的必然趋势，与电力专业应用软件相结合，有利于改变电力系统传统作业模式，提高作业效率、降低作业风险。在具体场景下，智能穿戴设备可广泛应用于变电站运维、检测、检修、巡检、安全管控等环节，未来发展必然需求如下：

5.8.4.1　智能化水平提升

实现基于行为告警的智能穿戴技术和变电站现场作业的融合，改变现场作业模式，解放人员手脚，优化决策方式。

5.8.4.2　智能穿戴设备高可靠性

变电站内作业环境复杂，如高电磁场、雨雪天气、室外操作等，需要工业化高稳定性和高可靠性工业化产品，确保现场有效应用。

5.8.4.3　研发信息化终端工具

前端现场信息化工具主要由手机、PDA 和其他仪器完成，缺乏融合高性能传感、安全通信、实时交互的信息化工具。

5.8.4.4　智能设备高度集成便携

轻便、小型化的智能设备更便于穿戴，高度集成可有效减少各种工具仪器负载。

▶ 5.9　数 字 孪 生 技 术 应 用 ◀

5.9.1　前言

随着新一代信息技术（云计算、IoT、大数据、空间计算）与工业的融合与应用落地，世界各国纷纷出台了各自的先进制造发展战略，如美国的工业互联网和德国工业 4.0，其中之一是借力新一代信息技术，实现工业的物理世界与信息世界的互联互通与智能化操作，进而实现智能工业。

我国工业和信息化部信发〔2020〕67 号文《关于工业大数据发展的指导意见》中指出："工业大数据是工业领域产品与服务全生命周期数据的总称，为贯彻国家大数据发展战略，需要从加快数据汇聚、推动数据共享、深化数据应用、完善数据治理等多方面发展。"

当前，全球经济处于从传统经济向数字经济转型的过渡期，数据作为主要生产要素，开启了以大数据深度挖掘和融合应用为主要特征的智能化时代。公司战略发展以及业务提升面临巨大机遇的同时也面对诸多挑战。在此大背景下，公司对"数字化转型"提出了更高的要求，需要注重稳定增长和促进创新两个方面，再进而完成电力工业转型升级、推动经济新旧动能转换，全面、快速支撑公司业务发展，进而助力国家电网数字化、智慧化转型升级。

5.9.2　必要性分析

随着国家电网公司新投运变电站（换流站）、设备数量激增，变电运维和检修人力资源均不足以支撑设备管理精益化工作目标，而云计算、物联网、数字孪生、移动信息化等新技术的广泛应用，持续推进国家电网信息化建设向服务化、智能化、开放式的 IT 架构转变，进而优化业务流程，改善用户体验，持续释放数字信息化价值。国家电网公司对保持电网建设、运维、管理的先进性起着十分重要的作用，因此必须紧跟科技发展潮流，将数字孪生技术引入智能坚强电网建设当中，为能源互联网的建设提供全新解决方案与技术支持，管控运检业务及资源，实现检修和运维问题的精准分析、判断和处置，大幅提升运检管控决策科学性，提升运检管控力和穿透力。数字孪生将在能源互联网的规划、运行和监控等方面发挥重要作用，基于数字孪生模型、物联感知信息及功能应用，精准掌握设备实时状态全景，基于电网变电站建立三维数字孪生微应用，适应未来高可靠性电网和绿色智能先天禀赋，顺应电网数字化、智能化变革要求，构建设备状态智能管控的现代电网运检体系。

5.9.3　数字孪生应用目标

通过数字孪生技术在变电站（换流站）的应用，实现变电站（换流站）环境量、物理量、状态量、电气量进行全面采集，意在建设状态全面感知、信息互联共享、人机友好交互、设备诊断高度智能、运检效率大幅提升的智慧变电站；在智慧变电站的基础上，结合三维可视化技术、物联网技术、机器人巡检、AR/VR 等技术，建立智慧变电站的数字化孪生体，实现运维效率的进一步提升。实现变电站由传统运维向数字化运维转型，基于数字孪生技术，借助物联网载体，系统可实现对全场景的温度、放电、运行等信息进行海量采集与分析，实现趋势预测和故障预警。

5.9.3.1 虚拟还原

利用 GIM 高仿真建模还原，结合高性能、强兼容的三维引擎，实时渲染构建一个与真实世界外观一致、坐标一致、属性一致的孪生变电站三维场景。

5.9.3.2 数模结合

提供灵活系统接口，通过数据中台接入各类生产业务数据，进行清洗、融合，形成带有业务信息的结构化时序数据，多维度感知、分析电气设备健康状况，并实时联动更新，智慧协同，以直观的三维可视化方式实现变电站生产运行全景化。

5.9.3.3 AR 增强现实

利用 AR 增强现实技术将变电站全专业设备的多维度信息集于一体化展示，以模型为基底承载多维度数据，并支持设备拆解图查看，直观易懂，一目了然，大大降低了运维班组人员专业门槛，可进行设备知识讲解与模拟演练。

5.9.4 数字孪生应用场景分析

变电站（换流站）数字孪生技术应用包括平台和应用两大部分（见图 5-39），平台部分包括智能样本库和数字孪生平台，智能样本库包含图像及声纹识别样本库、故障诊断案例库、作业预案库、AI 训练库，是电网变电站（换流站）数字孪生应用实现智能化应用的基础；数字孪生平台包含三维可视化服务、三维仿真服务，是实现数字孪生和智能运检管控的核心；应用部分主要支撑运维人员进行变电站全寿命周期运维管理，包括全景监视、统计分析、环境监视、作业管理、实时告警、设备管理、技术监督。

图 5-39 换流站数字孪生数据交互模型

5.9.4.1　变电站（换流站）全景高保真建模

通过数字孪生技术实现变电站（换流站）整体外形和周边环境的实景建模，利用计算机三维建模软件（如 3DMAX、MAYA、U3D 等）对变电站（换流站）的地形、建筑和设备等进行 1:1 建模，导入虚幻 4（简称 UE4）软件进行对应模型的数据匹配，得到"图数一体化"模型，实现物理变电站（换流站）的高保真度模型，实现外观一致、坐标一致、属性一致，全面感知、全面可见、运行可控、趋势可知，以虚映实、以虚控实，充分发挥人工智能、5G 通信技术的价值，全面提升变电站管控水平，如图 5-40 所示。

图 5-40　变电站（换流站）高保真建模

通过基于孪生技术应用实现变电站（换流站）全景监视，将电网变电站（换流站）及周边环境的静态数据和动态数据通过时空结构（特别是空间结构）结构化成为一个有机体，将设备的运行数据和监测数据、环境的监测数据和预报数据和作业状态等动态数据实时映射到电网变电站三维模型上，刻画电网设备细节、呈现历史运行状态、推演电网运行未来趋势，真正实现"一张图"看电网全局和全时态，如图 5-41 所示。

5.9.4.2　设备元件级三维精细化建模

基于变电站（换流站）数字化移交的 RVT 模型或 GIM 模型进行模型处理和优化，重点对变电站（换流站）的一次设备三维模型进行深层分组和部件级颗粒度拆分。例如：将变压器三维模型拆分为本体箱体、铁芯、绕组、各套管、分接开关、储油柜、各类非电量保护装置、冷却系统、接地装置等，并对各个位置继续细化，保证每个重点巡视部位均可作为独立的对象被监控；将开关柜拆分为真空断路器、电流互感器、电压互感器、熔断器和避雷器等，使设备三维模型的动作状态可以与现场设备的动作状态实时同步，实现设备机械状态实时仿真，如图 5-42 和图 5-43 所示。

图 5-41　变电站（换流站）全面监视

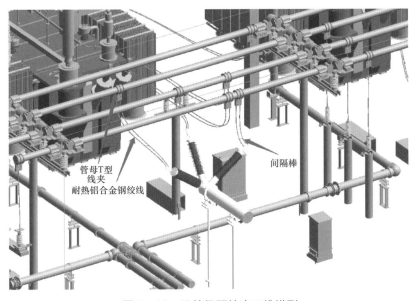

图 5-42　元件级颗粒度三维模型

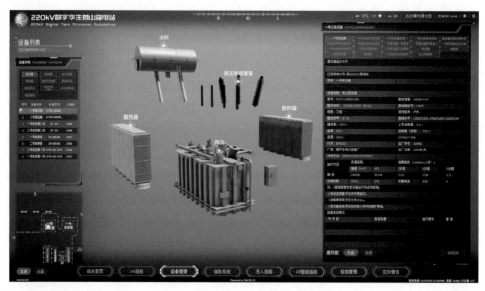

图 5-43　设备三维精细化建模

5.9.4.3　变电站（换流站）各类数据融合

在三维数字孪生场景中，对变电站（换流站）基于多种检测/监控手段，统筹融合一次、二次设备数据资源，基于大数据和人工智能算法实现面向精益运维、精益检修与精益管控的各类应用场景，有效增强变电站（换流站）设备全状态量感知力与管控力，增强变电站安全生产保障能力，进一步提高运检精益管理水平，赋能基于数据驱动的智能变电站运维管理发展与效能提升。

数字孪生变电站（换流站）运用物联网、人工智能、大数据、云计算等新兴技术，实现运检管控精益、终端设备泛在物联、大数据态势智能分析，包含安防系统、动环系统、火灾消防系统、视频监测系统、在线监测系统、变电站机器人巡检系统以及无人机巡检系统，在各子系统实现对相关设备的数据采集或控制功能的基础上，调派各子系统分工协作最终实现变电站（换流站）设备的全面监视和操作控制等功能，基于变电站（环流站）数字孪生环境，映射各类设备的温度、局部放电、电流、电压、有功、无功等信息，形成真正时空结构化大数据。

1. 设备运行数据融合

全面掌控站内一次、二次设备详细信息，对资产/设备名称、投运年限、外形尺寸、位置坐标、维护负责人等信息进行三维可视化展示，三维模型支持与SCADA遥信、遥测信息有效结合，如图 5-44 所示。

图 5-44 设备运行数据

2. 视频监系统融合

全面对接变电站（环流站）内的视频监控设备，实现对变电站室内、室外情况的远程监视，视频监控信息与设备实时关联，历史监控信息有迹可查。通过视频和实景三维融合技术，实现在三维实景中进行变电站远程巡检，实时监测现场设备及人员状态，并根据在线监测系统或视频智能分析结果，叠加展示设备台账及运行状态数据。巡检人员在运维班就可以进行沉浸式三维实景巡检，提升巡检智能化水平，提高巡检效率。

3. 安防系统融合

通过数字孪生变电站（换流站）三维模型融合变电站内安防系统，主要包括门禁设备、电子围栏、视频监控、红外对射探测器、双鉴探测器、就地模块等主要设备，并进行分析预警，提升变电站运维效率和安全防范水平，如图 5-45 所示。

4. 动环系统数据融合

通过数字孪生变电站（换流站）三维模型融合变电站室内外温湿度传感器、水浸、风机、空调、除湿机、水泵、照明等设备的数据，实现空调运行状态（开启/关闭）、工作模式（自动、制冷、制热、除湿、送风）的控制，以及温度等调节；风机的启动/停止控制、检修挂牌；除湿机的启动/停止控制、检修挂牌；

水泵的启动/停止控制、检修挂牌；温度、湿度、风速、雨量、水位等阈值告警；室内温湿度越限告警；集水井水位报警；站内照明控制等。

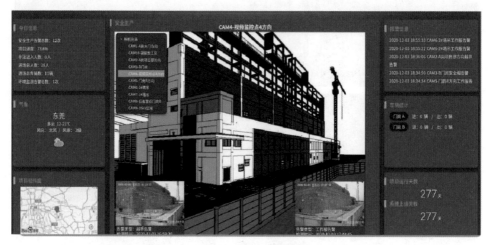

图5-45　安防人工智能与数字孪生融合

5. 火灾消防系统融合

通过数字孪生系统 1:1 三维建模变电站内的消防设备设施，实时展示消防设备设施的运行状态，例如火灾自动报警系统的探测器运行状态、系统电源的电压状态、电流状态和线缆温度等状态，火灾报警主机的工作状态如主备电工作状态等，还可对厂站灭火系统如水系统、泡沫系统的压力、液位等模拟量数据进行实时展示，为消防运维提供可视化手段，最终达到辅助决策的目的，如图5-46所示。

图5-46　火灾消防数据融合

6. 在线监测系统融合

通过获取在线监测系统中声纹检测器、局部放电检测器、数字化油位表、避雷器漏电传感器、铁芯夹件电流传感器、水侵及温湿度烟感无线传感器等数据，基于数字孪生技术的红外全景是充分利用物理模型、红外热成像仪数据，在虚拟空间中完成映射，从而反映相对应的电力设备健康状态。采用统一的信息模型，按主设备的要求，对全站各类传感器、监测装置进行统一的建模，实现全站各类型红外热成像仪的信息融合以及数据交互，取代了人工进行红外标定的简单重复劳动，如图 5-47 所示。

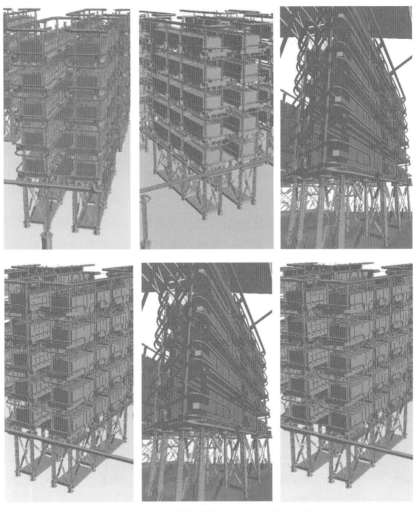

图 5-47　在线监测数字孪生融合（一）

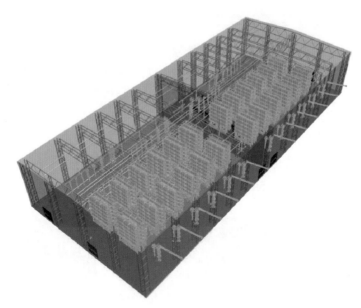

图 5-47　在线监测数字孪生融合（二）

5.9.4.4　三维视频融合应用

通过三维实时视频融合和人员异动智能识别技术，在变电站（换流站）数字孪生体三维场景中进行站内环境巡视，通过三维视频融合技术，实现三维模型与环境、人员动态信息的无缝融合，实时查看变电站环境状态，实现场站重点安防区域监控视频、重要仪表表计读数、重要开关状态等视频可视化信息与真三维场景的无缝融合，实现站内人员异动实时侦测与告警、站内运行重点表计示数实时监控，进一步提高站所管理的智能化水平以及突发事件处理的效率，如图 5-48 所示。

图 5-48　AR 全景视频识别融合效果

5.9.4.5　变电站（换流站）环境监测

通过站内环境监测设备，采集分析变电站微气象、烟雾、温湿度、电缆沟水位、SF_6 气体等传感器数据，实现变电站（换流站）运行环境状态感知，并及时推送站内安全运行风险预警。在三维场景中进行站内环境巡视，通过三维视频融合技术，实现三维模型与环境、人员动态信息的无缝融合，实时查看变电站（换流站）的环境状态。

在全站级、区域级、设备/设施级设备状态视图下，在时间维度上可以追溯整个换流站环境、某个区域环境、某个设施/建筑物在具体时间点或时间段内的环境状态，为用户提供全生命周期情况的展示。

5.9.4.6　智能运维作业管控

基于三维数字孪生场景仿真功能，在虚拟场景中放置与设备同比例的人、车、物模型，并设置模型位置与行进路线以及情景提示，通过观察和系统计算模型间的空间距离识别风险，实现设备检修过程仿真模拟，以帮助作业人员熟悉现场环境、掌握作业流程、提升作业质量、优化作业预案、降低作业风险。

1. 虚拟巡视

对于人工巡视作业，模拟巡视流程和巡视路线，其中巡视流程包含工器具检查、梳理巡视设备缺陷记录和专业安全隐患记录，以及巡视后填写巡视记录等。仿真场景支持周期、条件、漫游、实时、快速等模式并保存相应的巡视预案、支持在场景中规划巡视路线、巡视点位、关联 PMS 的缺陷记录，并以第一人称视角进行模拟巡视以及预估巡视时间，如图 5-49 所示。

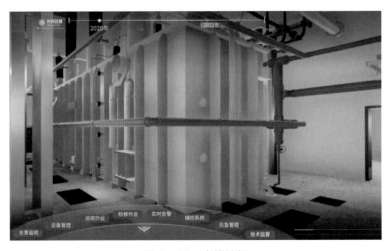

图 5-49　虚拟巡视

2. 机器人巡检管理

读取机器人作业日程记录，对场站机器人行动进行作业日程排布。对于正在场站中进行巡视的机器人，实时展示其位置信息与既定路线，展示其当前作业进度，本次作业中检测出的运行数据异常情况，以及机器人检测数据与管控平台接收数据不一致情况。实时调取巡检任务，在孪生变电站内直观展示机器人巡检路线，对接机器人实时画面和热成像画面。由于设备自身高度以及遮挡，站端的巡检机器人难以做到全面检测，结合虚拟巡检，针对室内高空进行巡检，从空中各角度进行全方位检测，完美解决了这一难题。通过虚拟巡检与站端机器人"空地结合"的巡检方式，可以真正实现对室内变电站设备的全面检测，如图 5-50 所示。

图 5-50　机器人巡检

3. PMS 作业管理

根据 PMS 中的作业计划内容，在系统中展示当日、本周、本月、本年检修作业计划，预览检修计划时，系统在三维场景中自动定位相关作业间隔，并联动展示相关作业预案。对当日、本周、本月、本年作业计划进行统计分析，包括作业内容、设备停电情况等。

5.9.4.7　仿真预测和故障预警

通过数字孪生技术，借助物联网载体，对全场景的温度、运行等信息进行海量采集与分析，基于三维数字孪生场景，对设备告警进行标识，并通过动效渲染、语音等方式进行告警提示，全面掌握现状，实现趋势预测和故障预警。通过人工智能与大数据智能分析，可实现隐患主动预警、故障精确定位和设备风险评估，如图 5-51 所示。

（1）主动预警。提前预测设备隐患情况，主动告警，减少设备损耗。

（2）故障精确定位。合理判断设备故障情况，支持大数据诊断，精确定位设备故障信息。

（3）设备风险评估。提前预测设备风险，对全专业设备进行风险情况分析，得到风险评级和详细情况。

（4）缺陷管理。基于三维数字孪生场景，对设备缺陷进行标识，在缺陷列表展示设备缺陷信息，点击缺陷设备，查看设备对应缺陷详细信息。

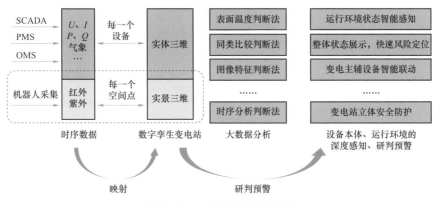

图 5-51　仿真预测故障预警

5.9.4.8　设备全生命周期管控

在三维数字孪生场景中，对变电站（换流站）各类设备从规划、设计、制造、选型、购置、安装、使用、检测、维修、迁改、报废全过程建立智能台账，掌握过去、现在、未来全过程数据，实现设备资产全生命周期数据管控。通过可视化查看设备规划可研、工程设计、设备采购、设备制造、设备验收、设备安装、设备调试、竣工验收、运维检修、退役报废相关资料，并可查看相关监督指标，如图 5-52 所示。

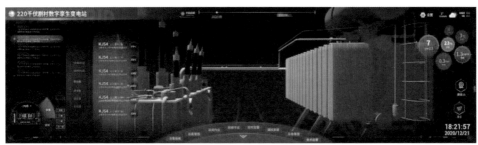

图 5-52　设备周期管控

5.9.4.9　人工智能应用

大数据模型通过全专业数据与对应模型的提炼挖掘、比对分析，发现各系统各终端的监测数据、业务流程和工单数据之间的有效链接关系，不同业务的执行决策、冲突、反馈、修正过程中的关键元数据，多维度认识变电系统特征，实现设备监测、异常告警、寿命预测、远程调度、维修规则、故障预警，以及人员和设备的健康评估功能，如图 5-53 所示。

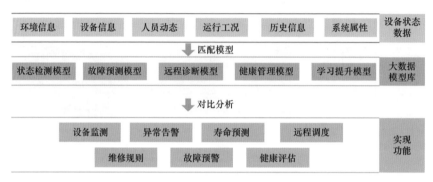

图 5-53　大数据模型功能

（1）设备监测。将设备各项实时状态数据与对应的状态检测模型进行比对，可以发现设备异常状态。

（2）异常告警。当设备状态检查出现异常状况时，系统得到状态检测模型反馈，及时告警。

（3）故障预警。设备运行数据与大数据故障预测模型进行比对，实现对全专业设备可能会发生的故障精准预测。

（4）维修规则。远程诊断模型不断汇集各类设备问题及解决方案，形成一套行之有效的维修规则，当某设备出现故障时，系统将自动推送维修方案，快速、高效处理设备故障。

（5）设备寿命预测。将设备运行数据、使用时间、损耗、维护等信息与设备健康管理模型进行对比，对设备寿命做出大数据合理预测。

（6）远程调度。统计各变电站全专业设备信息，通过大数据模型分析，得知各电站的理想设备型号，完成各电站设备调度利益最大化。

（7）健康评估。通过与大数据设备健康管理模型进行比对，得出全专业设备目前的生命周期阶段，实现对设备的使用率的准确掌控。

通过基于 AI 智能摄像技术、VR 虚拟现实以及 AR 现实增强技术为实现手段，远端获取变电站多维度信息，对各业务作业人员统一调配，明确分工，集中指挥作业，实现远程指挥多处作业、多方联动作业、高效高质作业和安全作业，如图 5-54 所示。

图 5-54　VR 结合 AR 指挥

5.9.5　应用成效分析

变电站（换流站）通过数字孪生技术、视频融合技术、联合巡检、大数据分析、人工智能等技术，改变现场人员作业方式，实现信息采集自动化、远程巡视无人化、故障推送智能化；加强变电运维人员状态感知能力、缺陷发现能力、设备管控能力、主动预警能力和应急处置能力等五种能力建设，全面提升变电专业精益化管理水平，支撑设备主人制落实。变电站（换流站）数字孪生技术应用，突破传统变电站的局限性，在应用数字孪生系统、提升智能化水平与安全生产能力，同时实现变电站的数字化移交。

5.9.6　全面感知，全面监控

在智慧变电站的基础上，结合三维可视化技术、物联网技术、机器人巡检、AR/VR 等技术，对物理变电站（换流站）进行高保真度建模，利用实时感知数据和设备三维数字模型，在虚拟空间构建出智慧变电站的数字版"克隆体"，同时利用人工智能技术深入挖掘海量数据价值，开展研判分析，可在线诊断设备健康状态，"对症下药"输出差异化、精细化检修策略。

5.9.6.1　智能研判，主动预警

基于数字孪生变电站（换流站）高保真模型结合智能机器人与无人机联合

巡检，深度学习的智能机器人技术更先进，实现巡检流程自动化、数据处理自动化、信息反馈自动化等各类运维自动化操作，增加了巡检手段，多维度地对变电站实时监察，当设备出现异常告警时，可采用多手段进行验证。通过搭载高性能计算平台，借助图片识别技术，可以有效提高现场作业时发现问题的效率，实时处理。

5.9.6.2　精益作业管理，安全智能管控

变电站（换流站）数字孪生应用，利用三维成像、精确定位、视频画面实时捕捉和智能识别等物联网技术，自动获取设备信息及工作任务，实时掌控人员作业行为与移动轨迹，对现场违规行为进行自动告警，实时监控变电站异常信息，实现现场安全智能管控，强化人员作业安全，降低人员作业风险。

5.9.6.3　智能运检，提质增效

变电站（换流站）数字孪生应用，自动收集和跟踪主辅设备运行工况、环境信息、巡视结果、带电检测数据、在线监测信息、各类试验结果及变化趋势，自动实现设备状态实时分析、自动评价、自动诊断、智能预告警，辅助运检人员进行缺陷分析及决策处理。

第**6**章

变电站（换流站）领域人工智能
应用场景案例

» 6.1 "一键顺控"双确认系统 «

6.1.1 背景

近年来，电网建设经历了高速发展，变电站数量持续增长，一线人员生产任务日益繁重，倒闸操作采用人工方式，操作前需经写票、审核、模拟、五防验证等工作，流程复杂、重复性工作量大、无效劳动多、操作效率低，耗费大量人力、物力，加剧了人员数量及结构矛盾，难以适应当前电网的发展需要。顺控操作在国外已是成熟技术，在国内常规及特高压换流站也得到了广泛应用，运行20余年来尚未发生操作失误。经过试点工程检验，进一步提升变电站倒闸操作效率，减轻运维人员重复工作量，大幅降低误操作风险，保障电网设备安全稳定运行，经济和社会效益明显，符合当前电网的发展趋势，具备推广应用条件。

6.1.2 系统组成

"一键顺控"双确认系统集成自动控制技术、传感技术、物联网技术、陀螺仪技术、状态自动识别和判断技术，是多学科综合应用为一体的系统平台。"一键顺控"双确认系统自试点应用以来，减少了60%的倒闸操作工作量，且大幅消除了误操作、漏操作等风险，进一步提升运检效率、安全性以及应急处置能力。下面以某站"一键顺控"系统为例，介绍"一键顺控"双确认系统应用情况。

"一键顺控"双确认系统主要由三部分构成，如图6-1所示。

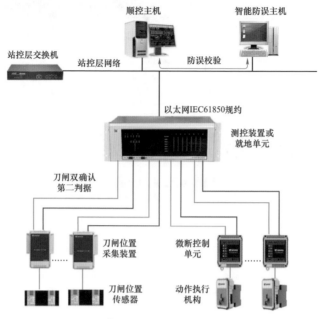

图 6-1 "一键顺控"双确认系统示意图

（1）智能防误主机：与顺控主机共同实现防误校核。

（2）顺控主机：站内数据的采集、处理，站内设备的一键顺控、防误闭锁、运行监视、操作与控制。

（3）开关、刀闸位置"双确认"采集装置：开关、刀闸位置采集、上送，如图 6-2 所示。

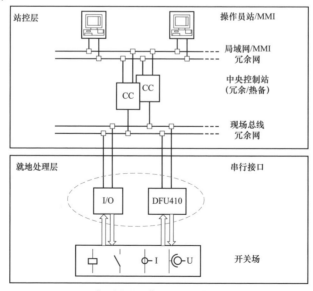

图 6-2 "一键顺控"双确认系统网络示意图

6.1.3　详细介绍

6.1.3.1　智能防误主机

智能防误主机具备面向全站设备的操作闭锁功能，可为一键顺控操作提供模拟预演、防误校核功能。智能防误主机通过信息交互自动对监控主机（顺控主机）的模拟预演和顺控操作指令进行不同源防误逻辑校验，与监控主机（顺控主机）内置防误校验结果形成"与门"判据，满足顺控操作防误"双校验"的要求，有效提升变电站端顺控操作和调度端顺控操作在高安全性、高可靠性方面的要求。

智能防误主机从顺控主机获取全站设备状态。顺控主机模拟预演时，智能防误主机根据顺控主机预演指令执行操作票全过程防误校核，并将校核结果返回至顺控主机；一键顺控操作执行时，智能防误主机对顺控主机发送的每步控制指令进行逐步防误校核，并将校验结果返回至顺控主机。

6.1.3.2　站端顺控主机

站端顺控主机负责站内数据的采集、处理，应具备站内设备的一键顺控、防误闭锁、运行监视、操作与控制等功能。

顺控主机通过站控层网络采集变电站实时数据，下发控制信息；顺控主机与运检网关主机通信，传输一键顺控数据；顺控主机与智能防误主机之间，传输防误数据；顺控主机与辅助设备监控系统之间传输一次设备状态、测量信息等数据。

顺控主机负责一键顺控操作票的存储和管理，实时接收和执行本地及远方下发的一键顺控指令，完成生成任务、模拟预演、指令执行、防误校核及操作记录等操作，并上送执行结果，如图6-3所示。

模拟预演和指令执行过程中采用双套防误机制校核的原则，一套为顺控主机内置的防误逻辑闭锁，另一套为独立智能防误主机的防误逻辑校验，以防止发生误操作。两套系统宜采用不同厂家配置。模拟预演和指令执行过程中双套防误校核应并行进行，双套系统均校验通过才可继续执行；若校核不一致应终止操作，并提示详细错误信息。

顺控主机具备"口令+指纹"双重验证功能，对操作人、监护人同时进行权限验证。在变电站Ⅰ区运检网关主机前端配置纵向加密装置及路由器，实现远方数据的安全接入。

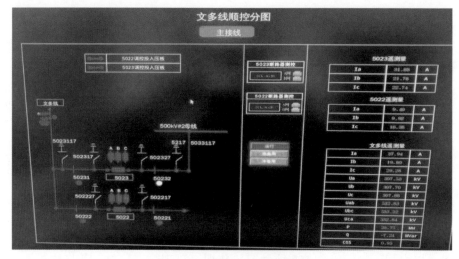

图 6-3　顺控主机操作界面

　　变电站与换流站一键顺控升级改造对站端顺控主机的要求存在一定的差异。变电站需要单独配置一台顺控主机，且需要编制专用软件程序来完成一键顺控的相关操作。而换流站在运行人员控制层面配置了操作员站，在已有的操作员站基础上进行改造即可。

6.1.3.3　开关、刀闸位置"双确认"采集装置

　　开关、刀闸位置双确认是指开关、刀闸远方操作时，至少应有两个非同样原理或非同源指示发生对应变化，且所有这些指示均已同时发生对应变化，才能确认该设备已操作到位，如图 6-4 所示。

图 6-4　开关"双确认"装置安装示意图

开关和刀闸在操作后均需采用"双确认"的方式进行位置检查，在开关、刀闸双确认改造中不同的是开关在已有装置基础上进行信号扩展即可，无需增加新的装置。刀闸则需要通过增加传感器、采集器等装置采集到的数据来作为第二判据。

1. 开关"双确认"方式

开关操作后的位置检查，第一判据采用开关辅助接点位置遥信判断，分位接点断开的同时合位接点闭合则判断开关位置由分到合，反之分位接点闭合的同时合位接点断开则判断开关位置由合到分。第二判据使用的是现有测控装置中采集的开关的电压量、电流量，智能防误主机通过分析开关操作后电压或电流的突变来判断开关的分合状态，电压或电流其中之一发生符合设定条件的突变，则认定开关位置发生变化。

2. 刀闸"双确认"方式

刀闸位置"双确认"方式，在现有辅助接点位置遥信判断确认方式作为第一判据的基础上，第二判据的信号采集优先采用已试点开展且效果较好的姿态传感器，信号采集后上传至测控装置，再上传至站控层。姿态传感器的安装工装设计，应满足安装牢固可靠的要求，并具备不停电更换和维护条件。姿态传感器引出线应安全可靠的要求，不干涉本体操作，应有一定的防护等级。接收装置安装在较为明显的有利于走线的位置，避免现场安全隐患。接收装置外接的电源电缆与信号电缆应采取必要的防护措施，延长使用年限，避免机械损伤。

（1）GIS 设备。GIS 隔离开关根据本体结构特点，可分为隔离开关和三工位隔离–接地组合开关两种；根据传动结构的特点，可分为有拐臂型和无拐臂型两种。早期的 GIS 隔离开关一般为有拐臂型的隔离开关，随着技术的发展进步和 GIS 小型化的趋势，目前市场主流的 GIS 隔离开关一般为无拐臂型的三工位隔离–接地组合开关，其典型安装方式如图 6-5、图 6-6 所示。

（2）敞开式设备。对于敞开式设备，姿态传感器的安装应不影响一次本体正常的运行和操作，姿态传感器安装位置与隔离开关动触头间应尽可能减少传动部件，保证姿态传感器真实地反映隔离开关动触头的位置状态。姿态传感器在本体上的安装宜设置固定的安装位置，保证后期传感器进行更换或检修时传感器与本体的相对位置及角度不变。如不能满足该要求，首次进行改造时必须记录姿态传感器的安装位置及安装角度，以备后续检修或更换时参考。敞开式设备"双确认"安装装置示意图如图 6-7、图 6-8 所示。

图 6-5　GIS 设备"双确认"装置安装示意图（一）

图 6-6　GIS 设备"双确认"装置安装示意图（二）

图 6-7　敞开式设备"双确认"装置示意图（一）

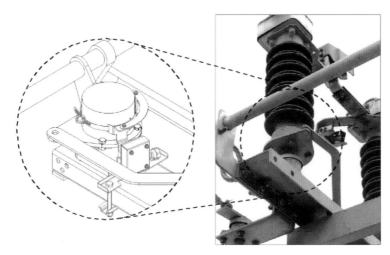

图 6-8 35kV 敞开式设备"双确认"装置示意图（二）

6.1.3.4 安全防护要求

改造后的监控系统（包括智能防误系统）应满足《电力监控系统安全防护规定》（国家发展和改革委员会令 2014 年第 14 号）、《电力监控系统安全防护总体方案》等安全防护方案和评估规范（国能安全〔2015〕36 号）的有关要求。

改造后的监控系统（包括智能防误系统）应满足 DL/T 1455 和 Q/GDW 1799.1—2013 的有关要求；应支持接入变电站网络安全监测装置；新增主机应采用安全操作系统，新增软硬件应为通过信息安全测试的合格产品。

一键顺控应对操作用户进行身份标识和鉴别，采用操作人、监护人同时"口令＋指纹或数字证书"双因子验证，确保操作用户身份标识的唯一性；指纹识别设备应满足 GB/T 35735—2017 的有关要求。

6.1.4 改进方向和未来展望

进一步优化一键顺控"双确认"系统站端顺控主机相关程序，进一步提升刀闸位置"双确认"采集装置识别精确度，将一键顺控"双确认"系统普遍应用于传统的倒闸操作中，将传统的烦琐、重复、易误操作的刀闸操作模式转变为操作项目软件预制、操作内容模块式搭建、设备状态自动判别、防误联锁智能校核、操作任务一键启动、操作过程自动顺序执行的一键顺控模式，提高劳动效率，降低误操作风险，大幅提升效率和效益。

6.2 变电站（换流站）设备外观缺陷图像诊断技术

6.2.1 概述

电力行业设备种类繁多，型号众多，传统设备外观缺陷完全依靠人工发现，通过各类巡视、专业特巡、检修等方式，由人员进行肉眼识别和判定。设备外观缺陷图像诊断技术是电力视觉技术应用的一种，也是最重要的一种，是变电站智能管控的基础环节之一。

设备外观缺陷图像诊断技术现场应用不会单独构建系统，一般作为一个模块应用于变电站智能管控系统当中。

6.2.2 设备外观缺陷图像诊断技术

设备外观缺陷图像诊断应用集成电力视觉技术、5G 网络通信技术、自动控制技术等技术，通过现场采集单元获取图像数据，进行数据整合分析，对设备锈蚀、破损、异物等缺陷进行自动识别，代替人工巡视。下面以某站视频分析系统为例，介绍设备外观缺陷图像诊断应用。该系统由以下几个部分组成（见图 6-9）。

（1）采集单元：智能机器人、固定式高清摄像头、无人机等。

（2）控制处理单元：图像识别、分析及数据处理单元。

（3）管理终端。

整体配置情况如下：

（1）CPU：E5-2620V4 处理器。

（2）内存：2 根 16GB DDR4 颗粒内存。

（3）存储器：7200 转 1TB 机械硬盘。

（4）网络接口：2×1GE 网口。

（5）电源配置：3kVA 逆变电源。

（6）显卡：GeForce RTX™ 2080 Ti 高性能显卡。

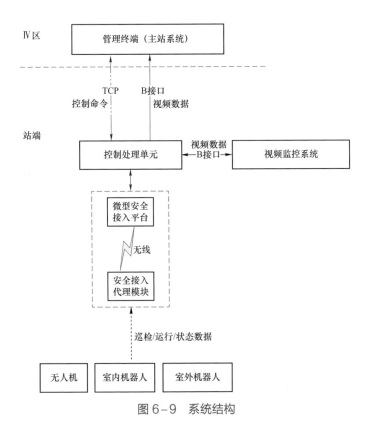

图 6-9　系统结构

6.2.3　详细介绍

6.2.3.1　采集单元

采集单元负责采集设备外观图像数据，可以由室外巡检机器人、室内巡检机器人、轨道机器人、高清视频云台、无人机等设备完成。设备在工作前，需完成以下配置：

（1）室外巡检点位设置，做到全站设备全覆盖，每个设备均需设置多方位和角度的拍摄点，确保无死角，所有表计、油位指示等需单独设置巡检点。每个巡检点位设置好位置信息、摄像头角度、焦距等参数，确保图像清晰。

（2）充油设备应增设地面观测点，以记录漏油情况。

（3）对于场地空旷地带，可增设柱形装置或标牌，以提高机器人定位可靠性。

（4）室内巡检点位设置，做到二次设备全覆盖。同时应尽量避开屏蔽门玻璃反光导致拍摄不清晰的位置。

（5）设置自动避障以及区域挂牌功能，以避让站内临时障碍物和停电检修围栏隔离区域。

完成配置及调试后，从巡检系统中设置巡视计划即可自动收集设备外观图像数据。

6.2.3.2 核心控制处理单元

核心控制处理单元搭载图片识别、分析及数据处理程序，将采集终端采集的数据进行分析和比对，自动推送设备异常和缺陷。在初次开展数据处理前，需完成以下深度学习（见图 6-10）：

（1）表计、观察窗及其符号指示（指针、液位、颜色等）。

（2）表计、观察窗异常情况（破损、模糊等）。

（3）设备状态（隔离开关分合闸位置等）。

（4）典型缺陷。

图 6-10 深度学习

6.2.3.3 管理终端

通过设备外观缺陷图像诊断判定的异常和缺陷将通过应用所在的系统自动推送给系统后显示在主机屏幕上，提请运维人员复核。

视频分析系统通过深度学习，能自动识别油位异常、压力表计指示异常、异物、锈蚀等多种缺陷，如图 6-11～图 6-13 所示。

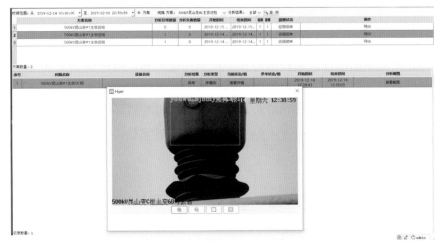

图 6-11 识别油位异常缺陷

图 6-12 识别鸟窝异物缺陷

图 6-13 识别设备外观锈蚀缺陷

6.2.4　改进方向和未来展望

设备外观缺陷图像诊断技术的核心在于图像识别，而图像识别深度学习需要大量的数据，现有的图像数据不能满足需求，一方面需不断收集图像数据完善数据库，另一方面可结合图像数据的特点，通过平移、水平翻转、旋转、缩放等数据扰动方式可以产生更多的有效数据，不断强化训练，提升图像识别和诊断的准确性。

》 6.3　安 全 管 控 平 台 《

6.3.1　背景

变电站（换流站）具有设备繁多、结构复杂、技术密集的特点。日常工作或检修过程中，往往还依托于原有的安全管控模式，特别是现有的检修安全管控方式存在盲区，不能实时掌握检修区域划分、人员车辆信息、工作票情况，不能掌握工作负责人、现场监护人和管理监督人员到位情况，不能实时监督人员是否进入工作无关区域，上述管控、监管的不足给检修、安全工作埋下巨大隐患。

6.3.2　系统组成

智能安全管控平台集成自动控制技术、射频识别技术、4G 网络通信技术、高清视频自动跟踪技术，是多学科综合应用为一体的系统平台。平台以现场为出发点，将物联网识别、二维码、后台数据统计分析有效融合，实时获取人员工作状态、器具使用情况等数据并进行云计算，整合图形、图表、报警、声光、网络等多种媒介，对人车物在移动、静止下自动识别、自动跟踪，提供定位追溯、报警联动、统计报表、决策支持、领导桌面等管理和服务功能，实现对现场实时安全管控。

智能安全管控平台由四部分构成，如图 6-14 所示。

（1）采集单元：移动式多功能基站、智能采集器。

（2）人机交互单元：管理终端、LED 屏。

（3）核心控制处理单元：服务控制器、智能云管控系统。

（4）辅助单元：高清摄像头、声光报警系统。

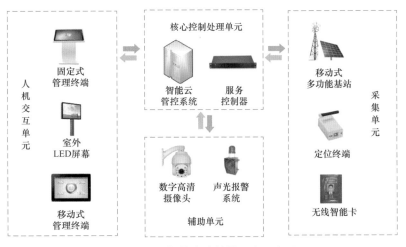

图 6-14　智能安全管控平台示意图

6.3.3　详细介绍

6.3.3.1　采集单元

1. 无线智能卡

无线智能卡体积小巧、便于携带，能与出入证合为一体。由专人将参检人员的工作单位、姓名、年龄、职责等信息统一录入卡片，建立人员唯一的电子码信息档案，确保人和卡一一对应，如图 6-15、图 6-16 所示。基于物联网技术，通过智能卡与移动式多功能基站的信息交互，实现人员身份信息、出入资格核查、人员定位及预警管控一卡通。

图 6-15　无线智能卡出入证

图 6-16　无线智能卡 ID

智能卡具体功能：

（1）定位信息：与基站互动实现技术定位精度，可达室内 10cm/室外 50cm。

（2）报警声：当智能卡馈电时，可通过报警声进行提醒。

（3）震动报警：当出现检修越界时，可通过震动提醒越界。

（4）维护便捷性：不用电池供电，可使用普通手机充电线进行充电，待机时长不少于 3 个月。

智能卡技术指标：

（1）定位芯片：内置 UWB 定位芯片。

（2）电池种类：充电锂电池。

（3）充电接口：micro-USB。

（4）工作温度：−20～60℃。

2. 移动式多功能基站

采用基站将现场分工作区，当佩戴智能卡的人员进入这些区域时，基站通过接收智能卡射频信号对人员进行动态定位和实时统计，并将位置信息上传给服务控制器。可通过调节基站固有频率和增益，与其他基站相互配合，实现检修区域全方位覆盖，如图 6-17～图 6-20 所示。

图 6-17　移动式多功能基站

图 6-18　定位模块

图 6-19　智能识别人员信息

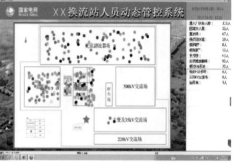

图 6-20　人员动态定位

多功能基站是整套系统最关键的功能模块，该基站采用高精度 UWB 定位芯片，在室内定位精度可达厘米级。该基站技术指标如下：

（1）定位精度：室内 10cm/室外 50cm。

（2）覆盖范围：无遮挡 150m。

（3）数据传输：有线/无线。

（4）供电方式：48V 标准 POE/12VDC。

（5）外形尺寸：224mm×224mm×107mm。

（6）产品重量：2.9kg。

（7）工作温度：−40～75℃。

（8）存储温度：−40～90℃。

（9）防水等级：IP67。

多功能基站采用太阳能供电，可满足基站全天候供电需求，清洁环保无污染，符合国家倡导的可持续发展政策。

6.3.3.2　人机交互单元

管理终端分为固定式、移动式管理终端，如图 6−21、图 6−22 所示。

图 6−21　固定式管理终端

图 6−22　移动式管理终端

固定式管理终端置于检修现场入口处，其显示屏采用全防水外壳，触屏操作，可实时呈现工作票、人员身份、工作区域、施工车辆、人员权限等信息，并支持信息录入导出功能。

移动式管理终端采用 PAD 加 APP 软件模式，实现检修管控系统便捷化操作。管理终端对采集单元上传的原始数据进行处理和显示，实现实时监测、定位追踪、违章报警、在线升级、信息查看等服务功能。

6.3.3.3 核心控制处理单元

1. 服务控制器

智能安全管控服务器采用 Intel 高性能芯片组、处理器，具备 1TB 内存容量、4 块热插拔系统盘，具有可靠的可扩充性和高可用性。负责整个系统设备检测及人员数据的管理、分站实时数据通信、统计存储、屏幕显示、查询打印等任务。

2. LED 屏幕

现场总入口处设置信息显示 LED 屏，通过智能安全管控平台内置的 LED 软件进行控制，直观显示软件内实时更新的数据并汇总，使现场各类信息一目了然。同时可实现微气象、违章通报、交叉作业提示信息等文字的切换显示，成为检修现场重要的信息来源，如图 6–23 所示。

图 6–23　现场信息显示屏

3. 智能安全管控软件系统

智能安全管控软件系统对接自动控制、射频识别、4G 网络通信、高清视频自动跟踪，将物联网识别、二维码、后台数据统计分析有效融合，实现对人员工作状态、器具使用情况等数据云计算，整合图形、图表、报警、声光、网络等多种媒介，提供定位追溯、报警联动、统计报表、决策支持、领导桌面等管理和服务功能，如图 6–24 所示。

通过系统实现智能卡与人员一一对应，利用基站识别现场工作人员不同身份、权限，在终端区分显示，实现分级管控。同时在系统中将工作票与工作班成员组合关联，具备工作票间断、终结实时查询人员位置，确保收工后无人员滞留工作区，如图 6–25 和图 6–26 所示。

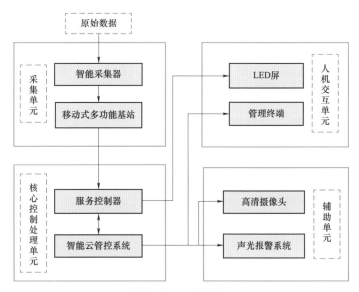

图 6-24　系统组成

图 6-25　作业分级管控（1）

图 6-26　作业分级管控（2）

利用移动基站，接收现场人员智能卡发出的信号，完成区域位置定位、行迹记录，利用不同颜色区分参检单位，同时记录人员进出场时间，实现云信息收集，如图 6-27 和图 6-28 所示。

图 6-27　检修区域监控定位

图 6-28　到位监督痕迹管理

利用基站将工作区、运行设备区立体隔离，构建无形的安全防护红线，能够及时发现进入无关区域及带电间隔的人员，触发声光报警、联动高清摄像头，通过语音、短信通知该人员的工作负责人，及时纠正不安全行为，如图6-29、图6-30所示。

图6-29 越界报警信息

图6-30 红线识别报警

利用管控软件系统对人员车辆数量、工作时长、工作票状态等数据进行分析，生成参检单位工作量、时长报表，直观显示各单位工作效率，深度挖掘大数据价值，为后期检修决策优化提供信息、数据支撑，如图6-31、图6-32所示。

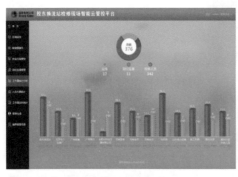
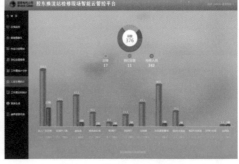

图6-31 工作量统计分析

图6-32 人员车辆统计

6.3.3.4 辅助单元

1. 高清摄像头

自动跟踪摄像设备由高清摄像头、高速球机组成。高速球机具备自动跟踪侦测功能，支持区域入侵、越界、停车、人员聚集、快速移动等事件侦测，如图6-33所示。图6-34为球机捕捉到的100m外人员违章画面，实现一键抓拍、实时记录功能。

图 6-33　自动跟踪侦测

图 6-34　100m 外的违章抓拍

2. 声光报警系统

声光报警器用于发现违章作业人员后的报警联动，内部采用集成电路设计，支持无线网络连接，抗干扰能力强，防水防潮，工作稳定，如图 6-35、图 6-36 所示。

图 6-35　声光报警器

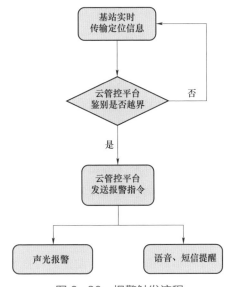

图 6-36　报警触发流程

6.3.4　改进方向和未来展望

将进一步开展一线数据的收集和管理，分析大数据优化项目流程，探索实践智能分析技术、远端专家会诊功能。安全管控平台的成功应用，变革了传统现场安全管控模式和工作方式，同时为大型检修工作的科学化、规范化、信息化提供新途径。该平台也可通用于电力、石油、煤矿等大型检修、生产现场的安全管控，市场应用前景广阔。

◈ 6.4 大数据分析系统 ◈

6.4.1 背景

电网规模的迅速增长，对电网安全和供电可靠性提出了更高的要求，传统的状态评估与运检模式难以满足新的要求，准确评估和预测设备状态面临更大的挑战。

为应对以上挑战，电力公司将大数据分析技术应用于电网装备安全运行领域，攻克了面向设备状态评估的大数据分析关键技术难题，首创了基于大数据分析的输变电设备状态评估技术体系，建成了融合电网、设备和环境信息的输变电设备状态评估大数据分析系统，实现了省级电网 220kV 及以上主要输变电主设备的全面、及时、准确掌控和精益化运检管理。

6.4.2 系统功能

系统首次将大数据分析技术应用于电网装备安全运行领域，从理论和实践上突破了输变电设备状态全面感知、精确评估和主动预测的技术瓶颈；利用日臻完善的电力信息化平台获取大量电网运行、设备状态和环境信息，攻克基于大数据分析的输变电设备状态评估的关键共性技术，创新提出了负载能力评估、故障预测、状态评价和风险评估有机融合的方法和模型，研制了跨平台的数据获取/转换装置，建成了融合电网、设备和环境信息的输变电设备状态评估大数据分析系统，并在山东电网进行示范应用，实现了省级电网 220kV 及以上主要输变电主设备的全面、及时、准确掌控和精益化运检管理。系统 2017 年上线试运行一年，识别检测出设备的可能异常并安排持续跟踪检测分析 112 例，准确预警并确认 GIS 悬浮放电、主变压器油色谱异常等缺陷 28 例，设备评价准确率达 96.72%，比传统评价准确率提升 15% 以上，显著提升电网输变电设备状态管控能力，如图 6-37 所示。

6.4.2.1 多源异构数据跨平台接入和预处理

基于全业务数据中心，建立了以设备为中心的统一数据模型，实现了省级电网 PMS、EMS、GIS、气象、雷电等 12 个业务系统的结构化和非结构化数据的全面融合、贯通，解决了输变电设备状态评估相关业务系统的数据集成问题，如图 6-38 所示。

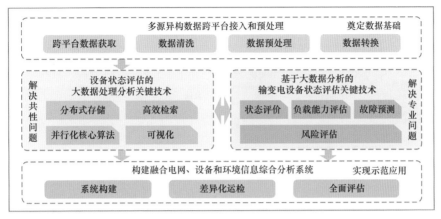

图 6-37　输变电设备状态评估大数据分析系统功能示意图

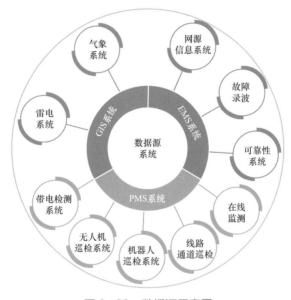

图 6-38　数据源示意图

6.4.2.2　分布式并行计算的电力大数据分析挖掘平台

1. 平台简介

研发了一套面向输变电设备状态评估的分布式并行计算的电力大数据分析挖掘平台（简称大数据平台），跨平台数据获取/转换装置接入的设备状态信息，经异构数据预处理、分布式存储和高效检索等技术处理后，通过平台所具备的专业和通用数据挖掘算法和方法规则集，形成输变电设备状态评估大数据分析系统高级应用所需的数据集市，如图 6-39 所示。

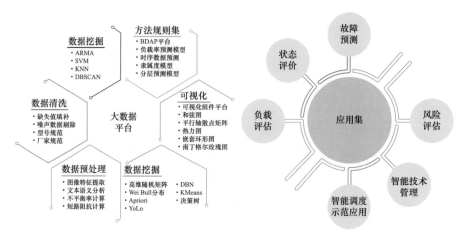

图 6-39　大数据平台算法和功能

该平台融合了并行内存、并行离线批处理、并行实时处理等多种类型的并行计算框架，支持 Spark、MapReduce、TensorFlow 等多计算引擎协同运行、支持并行算法库的高可扩展性及并行算法模型的高可复用性，并构建完成基于组件、面向数据流图的低耦合的大数据分析应用的架构，实现了基于 HDFS 分布式存储系统的海量数据的高效存储和检索、高效的分布式并行混合计算，满足数据密集型和计算密集型业务应用需求。

同时为了更好地确保平台的稳定可靠运行，开发了一套包括主机监控、大数据监控、应用监控、报警子系统在内的全要素系统运行监控系统。运行监控系统可以全面监控主机运行状态，包括在线状态、系统负载、CPU、内存、磁盘、网络、进程等，可以全面监控大数据组件的运行状态和主要参数，可以全面监控系统主要应用服务器的运行状态。

2. 平台数据支撑

大数据平台包括硬件基础设施和基础技术组件两部分。

（1）硬件基础设施。部署服务器 57 台，其中数据接口服务器 4 个、数据库服务器 2 个、应用服务器 2 个、可视化服务器 1 个、大数据集群数据节点 48 个，而大数据集群数据节点包含 4 台集群管理节点、41 台混合并行计算存储节点、3 台高性能计算专用节点组成。

（2）基础技术组件。主要包括分布式文件系统 HDFS、列式数据库 HBase、分布式内存数据库 Redis、机器学习算法库 Mathout 和 MATLAB、深度学习框架 TensorFlow、分布式消息服务 Kafka 等。

3. 平台性能

累计存储容量 769TB、通用和专用数据挖掘及并行化算法组件 72 个、接入数据总量 24.32TB、典型工作流程 299 个、日平均计算次数 1.23 亿次、日平均处理数据量 1.02TB、可视化组件数 58 个，其中并行化算法性能提升 2～10 倍，如图 6-40 所示。

图 6-40　大数据系统界面

6.4.2.3　负载能力动态评估

负载能力动态评估是指在电网正常或异常情况下对设备负载能力的分析和评估。在保证安全的前提下挖掘设备的输送潜力，解决负荷高峰或部分设备故障（或检修）等情况下的"瓶颈"现象，支撑负荷高峰或部分设备故障（或检修）等的动态调度。利用气象、运行和设备的实际状态数据，使用 K-means 聚类 Elman 神经网络相关性分析多元统计分析，综合考虑设备个体属性、运行、气象等多因素的影响和关联关系，实现关键设备负载能力的实时、动态评估和预测，如图 6-41 所示。

图 6-41　主变压器负载及动态评估界面

6.4.2.4 差异化状态评价

差异化状态评价是对全网设备个性化多源信息的差异化评价。差异化评价使用 Weibull 分布模型 DS 证据融合理论 FCM 聚类超球模型，极大地提高了评价的准确性，从根本上改变了输变电设备状态评价方式，如图 6-42 和图 6-43 所示。

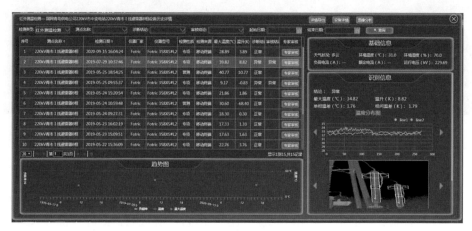

图 6-42　状态评价界面

110(66)kV及以上电压等级设备油浸式变压器（电抗器）状态差异化评价报告					
国网 ×× 供电公司		220kV ×× 变电站		1号主变压器	
设备资料	安装地点	220kV ×× 变电站			
	制造厂	×× 电力设备有限公司			
	容量	180MVA	电压组合	230±8×1.25%/121/38.5	额定电压	220/858.9/38.5
	额定电流	451.8/858.9/1349.6	接线组合	YNyn0d11	冷却方式	自然冷却/油浸自冷(ONAN)
	型号	SSZ11-180000/220	运行编号		#1主变	
	出厂编号	201311268	生产日期		2014-01-01	
	投运日期	2015-08-15				
上次差异化评价结果		严重状态		上次评价时间	2017-05-27
部件评价结果					
评价指标	本体	套管	分接开关	冷却系统	非电量保护
状态定级	正常状态	严重状态	正常状态	正常状态	正常状态
分值	10	40	0	0	0
诊断试验情况	待分析状态量				
	诊断结果				
本次差异化评价结果		严重状态			
差异化状态量状态描述	试验数据:110kV或220kV主变本体绝缘油介质损耗因数(90℃)处在差异化注意[0.80，2.00)范围内。220kV主变本体绝缘油中溶解气体分析H2(投运1年)处在差异化注意[59.76，79.98)范围内。巡检数据:外观-套管出现严重渗漏				
检修策略	B类检修		建议检修时间	2017-10-19	

图 6-43　设备差异化评价报告

6.4.2.5 故障分层预测

故障分层预测是对设备未来发生故障概率的定量分析。系统使用了多因素预测方法和 Apriori 加权串联模型差异化权重，构建了基于设备整体状态的故障概率定量分析流程，实现了电网全量设备的故障概率预测。挖掘状态参量、环境参量、电网信息等多源异构数据中隐藏的状态参量和设备故障间的关联关系，实现设备故障概率的定量分析和故障发展演化趋势预测，如图 6-44 所示。

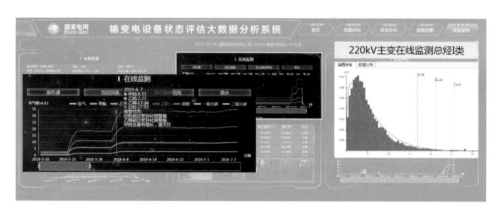

图 6-44 根据在线监测数据预测故障

6.4.2.6 运行风险评估

运行风险评估通过使用概率有序树、交叉熵理论、多时空分析、蒙特卡洛模拟等理论方法，结合设备状态评价、负载能力评估和故障预测结果，计算每台设备的故障率，并融入电网实时运行方式，实现了设备系统风险的实时评估和预警，如图 6-45 所示。

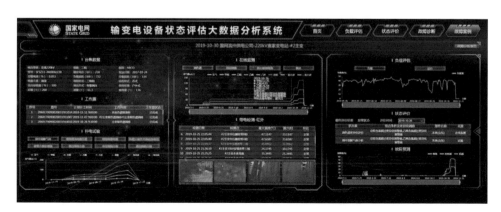

图 6-45 主变压器运行风险评估界面

6.4.3 系统性能

系统累计接入数据总量达到 54.01TB，涉及输变电设备 56.35 万台（条），各类状态数据 7800 亿条，全寿命周期试验数据的设备达 7367 台，日平均计算次数为 1.23 亿次，日平均处理数据规模达到 2.52TB，输变电主设备评价覆盖率 100%；负载能力评估模块平均耗时 1.29s/百台；差异化状态评价模块平均耗时 2.63s/百台；故障分层预测模块平均耗时 2.19s/百台；风险评估模块平均耗时为 18min9.6s。

系统的差异化评价相较于传统评价，各项指标均大幅提升，极大提高了运检工作的效率和质量，如图 6-46 所示。

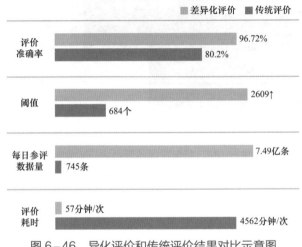

图 6-46　异化评价和传统评价结果对比示意图

6.4.4 改进方向和未来展望

课题将大数据分析技术应用于电网装备安全运行领域，从理论和实践上突破了输变电设备状态全面感知、精确评估和主动预测的技术瓶颈，创建了输变电设备状态检修新模式，并且国内外首次创立了基于大数据分析的输变电设备状态评估技术体系，攻克了面向设备状态评估的大数据分析关键共性技术，创新提出了负载能力评估、故障预测、状态评价和风险评估有机融合的一整套方法、模型，制定了一系列相关标准。大数据分析技术与业务需求深层次融合，为输变电设备状态评估提供更强劲的助推引擎，支撑设备状态的全面、及时、准确掌控和精益化运检管理，有力保障了大电网安全稳定运行。今后将继续优化大数据平台架构，实现高性能实时计算。提升大数据驱动的分析方法，实现多维多源数据的融合分析。推进大数据技术和人工智能紧密结合，提升设备状态分析的信息化、智能化水平，支撑输变电设备状态的全面感知，提升电网主动管理、主动防御等水平。

》 6.5　人工智能远程管控平台 《

6.5.1　背景

随着变电站数量不断增加，运维人力资源日益紧张，"无人值守＋远程管控"的需求愈发强烈，人工智能远程管控平台获取站内业务监控数据，实现对生产计划、生产组织协调、生产承载力、重点工作、运检作业、运检指标、设备缺陷共8 项关键生产业务的全过程、全方位动态管控，针对站内日常生产业务评价、关键业绩指标、精益化管理质量、规章制度执行情况、重要工作落实情况、季节性重要任务执行情况共 6 类重要业务指标完成情况进行分析，为上级单位提供监控结果精确辅助生产决策。下面以某站智能远程管控平台为例，介绍应用情况。

6.5.2　系统组成

该系统由主系统和 29 项子模块组成，能够与 PMS 系统、ERP 系统等各类生产运营工作软件进行数据交互，全面覆盖变电站计划管理、生产管理、现场管理、安全管理各个方面。

硬件整体配置情况如下。

（1）CPU：I5－4460 3.2G 处理器。

（2）内存：2 根 16GB DDR4 颗粒内存。

（3）存储器：8 块 4TB 机械硬盘。

（4）网络接口：2×1GE 网口。

（5）电源配置：3kVA 逆变电源。

（6）显卡：GeForce RTX™ 2080 Ti 高性能显卡。

6.5.3　详细介绍

6.5.3.1　计划管理

计划管理模块实现对站内各类计划的综合管理。该模块能自动获取月度检修计划，实时从调度系统获取计划批复情况，智能推送已批复的停电作业计划。同时系统根据计划自动关联设备缺陷和隐患，提醒检修人员开展相关消缺工作，如图 6–47 所示。

图 6-47　计划自动关联缺陷

同时计划管控模块能自动追踪站内缺陷消缺情况，定期推送消缺提醒给对应检修单位。

6.5.3.2　现场监控

现场监控模块实现能对站内设备设施 24h 全天候监控。该模块实时推送站内设备设施告警信号，同时对站内频发的非故障信号进行智能分析、判别和推送，图 6-48 和图 6-49 为设备频繁打压异常信号智能推送。

图 6-48　站内报警自动推送

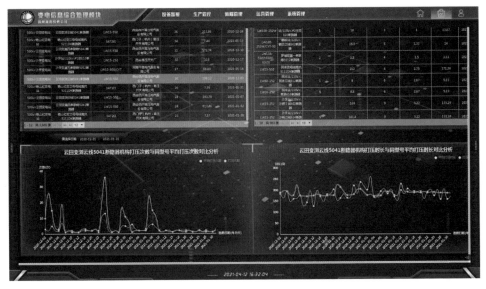

图6-49　断路器频繁打压分析及推送

6.5.3.3　生产管控

生产管控模块实现对站内运维工作的远程控制功能。能远程实施联合巡检并获取相关报告，能远程实施一键顺控操作，并完成相关一、二次设备操作后的位置、信号核对工作，智能开展送电后巡视，如图6-50和图6-51所示。

图6-50　远程联合巡检

图 6-51　联合巡检报告

6.5.3.4　现场管控

现场管控模块实现对当日站内作业人员全管控。能实时显示站内检修、巡视作业数量及人员情况，对高风险现场实时重点推送，提醒人员重点关注，如图 6-52 所示。

图 6-52　现场重点工作推送

6.5.3.5 安全管控

安全管控模块能实时监视站内人员到岗到位情况，同时可以实时调用视频对现场进行视频稽查。

6.5.3.6 应急管理

应急管控模块实现站内事故信息自动收集并辅助决策功能。在站内发生事故跳闸后，自动开展特殊巡视并自动生成报告。同时实时展示站内及邻近变电站人员和车辆情况，辅助开展应急人员就近安排，如图 6-53 和图 6-54 所示。

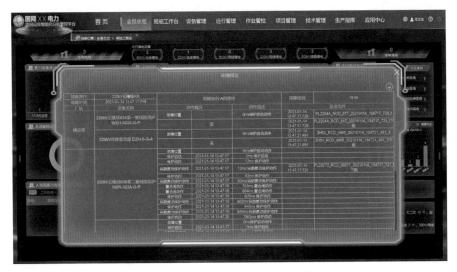

图 6-53　跳闸报告自动生成及推送

图 6-54　应急处置及就近应急力量

6.5.3.7　作业文本管理

作业文本管理能实现保电方案、施工方案、作业卡等作业文本全线上流转并自动关联相关作业信息进行闭环，如图 6-55 和图 6-56 所示。

图 6-55　方案线上流转

图 6-56　审批文本自动生成

6.5.4　改进方向和未来展望

随着人工智能的不断深入运用，变电站运维工作也将不断开展变电数字化转型，深化"大云物移智"信息通信新技术与传统电网技术融合，基于先进的 5G 技术、北斗导航定位、数字孪生、大数据分析、视频融合、AR 眼镜及人工智能等新兴技术，加快设备智能化升级、管理数字化转型，结合变电站基础应用，推动新技术与基层班组业务深度融合，全面提升数字化管理效能，构建感知全息化、分析智能化、管控精益化、作业高效化的"四化"数字智慧变电站，实现业务模式向设备状态透明化、作业流程移动化、巡检手段多元化、分析处置智能化转变。

第7章

变电站（换流站）领域人工智能
应用的总结与展望

≫ 7.1 总 结 ≪

书中主要介绍了人工智能发展现状及人工智能与变电站（换流站）的关系、人工智能关键技术、人工智能在变电站（换流站）应用支撑技术、人工智能在变电站（换流站）领域中应用、变电站（换流站）领域人工智能应用场景案例。

智能变电站建设投资规模越来越大，在大量减少人工劳动力的同时，使供电可靠性有了全面提高，因此发展智能电网已经从企业行为上升到国家战略的高度，从而引入了人工智能来对变电站设备进行巡视和环境监控，智慧变电站和数字孪生变电站应运而生。

依托于人工智能应用的变电站，总体架构自下而上划分为感知层、网络层、平台层及应用层，平台通过综合采集站内设备、环境及现场人员作业信息实现融合分析，通过全息感知、知识图谱实现平台化构建，以人工智能服务引擎服务方式支撑变电设备巡检缺陷、红外图像识别、声纹识别、多维融合分析及状态评价和故障诊断检修辅助决策等应用。

机器学习是一门多领域交叉学科，通过研究计算机怎样模拟或实现人类的学习行为，以获取新的知识或技能。通过知识结构的不断完善与更新来提升机器自身的性能，这属于人工智能的核心领域，基于数据的机器学习是现代智能技术中的重要方法之一，研究从观测数据（样本）出发寻找规律，利用这些规律对未来数据或无法观测的数据进行预测。

知识图谱本质上是结构化的语义知识库，是一种由节点和边组成的图数据结构，以符号形式描述物理世界中的概念及其相互关系，可用于反欺诈、不一致性验证、组团欺诈等公共安全保障领域，需要用到异常分析、静态分析、动态分析等数据挖掘方法。特别地，知识图谱在搜索引擎、可视化展示和精准营销方面有很大的优势，已成为业界的热门工具。

自然语言处理一方面可以辅助财务共享服务中心进行客户服务；另一方面，结合自然语言技术，便利知识管理和智能搜索，是计算机科学领域与人工智能领域中的一个重要方向，研究能实现人与计算机之间用自然语言进行有效通信的各种理论和方法，涉及的领域较多。

人机交互最重要的方面是研究人和计算机之间的信息交换，主要包括人到计算机和计算机到人的两部分信息交换，是人工智能领域的重要的外围技术，除了传统的基本交互和图形交互外，还包括语音交互、情感交互、体感交互及脑机交互等技术。

自动驾驶、机器人、智能医疗等领域均需要通过计算机视觉技术从视觉信号中提取并处理信息。近来随着深度学习的发展，预处理、特征提取与算法处理渐渐融合，形成端到端的人工智能算法技术。

生物特征识别技术是指通过个体生理特征或行为特征对个体身份进行识别认证的技术，涉及的内容十分广泛，包括指纹、掌纹、人脸、虹膜、指静脉、声纹、步态等多种生物特征，其识别过程涉及图像处理、计算机视觉、语音识别、机器学习等多项技术。目前生物特征识别作为重要的智能化身份认证技术，在金融、公共安全、教育、交通等领域得到广泛的应用。

上述六项技术是人工智能领域的关键技术，在未来，它们大大关系着人工智能产品是否可以顺利应用到日常的生活场景中。

"十二五"以来，我国智能电网发展迅速，实现电力设备运行状态及外部环境的在线监测，提高预警能力和信息化水平，是我国发展智能电网的重要组成部分。传统的电力运维及管理模式已不能适应智能电网快速发展的需求，将人工智能技术与数字孪生技术结合，通过电力巡检机器人对输电环节、变电环节、配电环节实现全面的无人化运维检测已经成为我国智能电网的发展趋势。此外，以电网全景实时数据采集、传输和存储，海量多源数据快速分析处理为主的大数据运用在智能电网建设中的重要性日趋显现。

随着智能传感器技术、智能芯片技术、边缘模块技术及数字孪生技术的迅猛发展，人工智能技术体系能够有效地在国内各大工业、军事、电力领域进行广泛应用，并切实为这些行业起到了增进效率、提高生产力的作用。今后，随着这些技术的进一步深化和国产电力电子及芯片技术的日益完善，人工智能技术"卡脖子"的现象将会慢慢消除，应用成本也会大幅下降，其在各重要行业领域的大规模推进将成为现实。

在能源互联网+电改的背景下，智能电网是电力行业发展的必然趋势，云计算、大数据、物联网、移动互联网、人工智能等新一代科学技术将成为电力行业智能化发展的强大驱动器，电网企业正大力推进智能技术的研究和应用，在装备设施、现场作业、状态监测、状态评价及生产指挥等方面开展了广泛的试点和推广，部分试点也取得突出的成效。国家电网公司及南方电网公司两大电网公司也高度关注智能技术的发展，积极推广成熟的智能技术，试点新型智能技术，不断提升变电站及换流站智能化水平。结合"云大物移智"等技术进行多源数据融合、分析、应用，有效支撑生产运行业务的数字化、智能化转变，通过智能技术在智能装备、现场作业、状态监测、态势感知、智慧运行等领域的应用。一是提高生产工作的效率与效益，提高全员劳动生产率，破解设备资产不断增长与生产人员不足之间的矛盾；二是建成智慧运维体系，从根源上控制风险，减少危机，实现本质安全，提升生产运行质量和设备健康水平，建立一套完整的智能技术应用标准体系。

随着国家逐步迈入工业 4.0 时代，中国制造正在快速崛起，智能技术对电力行业的发展也释放出巨大的能量。电力系统应加快应用新技术改造升级传统电网，积极推动能源产业链升级。智能化建设也是公司创世界一流的两大抓手之一，因此，电网在变电站及换流站的技术创新，可以真实地做到提升电网生产智能化水平，提高电网可靠性，切实履行社会责任，真正做到"人民电业为人民"。

随着社会的不断发展，社会对于电力供应的需求不断增长，人民对于供电稳定需求不断提高，与此同时，我国人口红利因素日渐消散，人力成本不断提升，日益增加的工作需求和不断减缓的人力资源增长成为变电站运维工作的主要矛盾。机器人系统的应用成为破局的关键。

当前技术条件下，机器人已经在一定程度上做到了取代人工：在操作上，一键顺控技术可以缩短 95%以上的操作时间；在巡视上，图像识别技术能有效代替人工巡视开展缺陷识别和判定；在安全管理上，高清视频自动跟踪技术及自动控制技术能对现场作业的人员和车辆进行全过程管控并进行安全提醒；在设备管理上，大数据分析技术有效支撑设备状态的全面、及时、准确掌控。远程管控平台综合运用各种人工智能技术，实现了站内设备设施信息远程获取，巡视、操作作业远程控制，检修工作现场远程管控，工作计划综合协调等功能，实现了变电站运维的现场无人化管理。

目前这些技术应用暂时处于初期阶段，随着各类技术的逐渐成熟及软件、硬件系统的升级完善，在可预期的时期内，人工智能必将在变电站（换流站）运维工作中得到普及，并最终取代人工运维。

❱ 7.2　展　　望 ❰

7.2.1　人工智能对变电站（换流站）信息化的影响

变电站（换流站）的信息化离不开对数据的处理，数据是对客观事物属性的记录，是信息的具体表现形式。变电站（换流站）的信息化领域中涉及四类数据处理技术，从流程上来讲分别是数据采集类、数据传输类、数据加工类、数据分析类。数据采集类技术实现对变电站（换流站）设备运行状态的数字化采集；数据传输类技术将采集到的数据通过通信网络传输到数据平台；数据加工类技术将数据平台中的在线数据及历史数据进行转换、分类、排序、筛选、压缩、扩展，使获得的数据成为对分析决策有用的数据；数据分析类技术将加工后的数据进行统计、建模，最大化挖掘数据的功能作用，最终形成结论展示给决策者或用户。变电站（换流站）中安装了大量的传感器和巡检装置，在变电站（换流站）的运行过程中，这些传感器和巡检装置获得的海量状态数据具有多源性和异构性，传统大数据分析的主要是结构化、半结构化数据，对图像、视频、语音等非结构化数据的处理能力薄弱。人工智能技术具有分析高维非结构化数据的能力，因此这些多源异构数据的建模和挖掘工作离不开人工智能的参与。利用这些海量数据对人工智能算法进行训练，也能使得人工智能不断进化，从而分析出来的预测结果就越准确，同时不断进化的人工智能也会自动清理冗余数据。人工智能技术还可以应用于设备信息提取与知识库的建立、故障诊断、缺陷识别、设备状态的评价预测等各个业务环节，在变电站（换流站）的信息化领域有着广阔的应用前景。

7.2.2　人工智能对变电站（换流站）基建建设的影响

变电站（换流站）工程建设正朝着规模不断扩大、结构形式愈加复杂、工程质量要求愈加严格、工程管理愈加困难的方向发展。与此同时，我国变电站（换流站）工程项目普遍存在着涉及部门较多、涉及专业领域较多、建设周期短、工期紧张的情况，加之还要兼顾变电站（换流站）与周围环境相协调的问题，这些问题都在一定程度上增加了变电站（换流站）建设的难度。人工智能技术与建筑信息模型（Building Information Modeling，BIM）技术的融合应用将有助于上述问题的解决。

在资源优化配置、施工效率及人员设备安全方面，人工智能技术与BIM技术的结合为其提供保障。BIM技术可以汇总管理变电站（换流站）建筑工程中设计、施工、运维等全生命周期的所有数据，形成项目建设全过程的完整数据资产，人工智能技术则可以对这些海量数据进行建模分析提供决策方案。人工智能技术可以对建筑周边地形、地段进行全面的分析预测，将原本需要人工花费数日实地考察、筛选的工作几分钟内完成并提供多套解决方案供建筑工程师选择，不仅极大提高了效率，而且能够实现项目中施工人员和物料分配的最优配置，同时兼顾了变电站（换流站）与周围环境相协调问题。在使用BIM技术对建筑结构进行建模的基础上，通过人工智能技术对结构数据进行分析可以对建筑结构的未来趋势进行预测，一旦预测到结构的劣化趋势后可以提前提醒施工人员进行结构修补或更换构件，从而保障了人身设备安全。

在现场管控方面，可以通过计算机视觉技术对人员、车辆、设备进行有效监督管理。变电站（换流站）施工现场布设的视频、图像传感器以及应用的无人机等智能装备产生了大量的图像数据，应用计算机视觉技术对图像数据处理分析可以对人员进行人脸识别及行为识别，对运动物体识别及轨迹跟踪，对设备外观破损、烟雾、明火等状态进行识别。人工智能算法还可以对水电表数据、环境微气象数据进行统计分析，为项目管理人员掌握施工现场信息的客观性和全面性提供保证，有助于管理人员的正确决策。

在解决问题方面，项目人员可以通过移动终端及应用软件对巡视过程中发现的问题实时发布并及时给出处理方案，对复查的结果也可以实时发布，大大缩短问题的解决时间，从而保证整个项目的建设周期。

7.2.3　人工智能对电力机器人智能性的强化

7.2.3.1　深度学习促进电力机器人感知学习能力提升

深度学习具有很强的深层次特征学习能力，它采用逐层训练的方法缓解了传统神经网络算法在训练多层神经网络时出现的局部最优问题。将深度学习与机器人相结合，不仅使机器人在自然信号处理方面的潜力得到了提高，而且使它拥有了自主学习的能力。

在电力机器人视觉导航方面，根据激光及视觉的像素和深度信息，利用深度学习技术建立深度卷积神经网络并进行离线训练，用以识别和跟踪固定或移动的目标。

7.2.3.2　智能硬件加速电力机器人前端实时智能推理

到目前为止，在云端和边缘已经有多个专门为人工智能应用设计的芯片和硬件系统。针对目标应用是"训练"还是"推理"，可以将智能芯片的目标领域分为 4 个不同的象限，如图 7-1 所示。

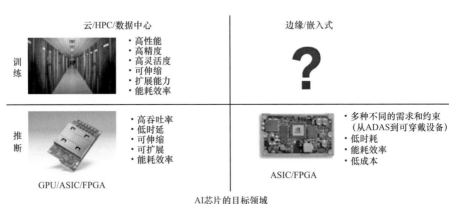

图 7-1　人工智能芯片的目标领域

对于电力机器人而言，利用深度学习技术需要进行大规模的模型训练，从业务研发的需求出发，对 GPU 类智能芯片的需求是必不可少的。而从部署应用的角度，电力机器人对现场状况进行实时感知并及时响应的需求、对传输带宽资源降低依赖、对数据安全性和隐私的要求等，都使得边缘人工智能芯片的应用和部署成为一种趋势。

7.2.3.3　强化学习及机器人物联网优化电力机器人行为、规划与控制

深度强化学习可以用于自动获取一系列机器人任务的控制器，从而实现将感知输入映射到低级别动作的策略的端到端学习。采用强化学习技术将有助机器人在地图出现残缺或环境未知的状况下开展路径规划，极大提升了机器人的灵活性。

强化学习的另一个应用方向则体现在机器人机械臂的控制领域，主要是机械臂路径规划、轨迹规划的问题。针对上述问题，可以分别采用不同的技术进行优化。首先，针对状态和行为维数高，可以采用虚实结合的技术。其次，针对状态信息误差大，可以引入先验知识。例如监督式强化学习方法。最后，针对样本量少的问题，可以采用近似方法来提高强化学习算法的性能。

随着物联网产业的发展，更多的设备产品将使用标准技术连接，它们之间可以进行现场通信，提供实时响应。物联网和机器人共同创建出机器人物联网

（IoRT）。基于机器人物联网，机器人可以监控周围发生的事件，融合传感器数据后可以把感知和行动智能化结合起来，利用本地和分布式智能来决定行动路线，然后操纵或控制物理世界中的物体。

7.2.3.4 人机交互拓展电力领域机器人的服务广度深度

基于深度学习和知识图谱技术，对电力文本进行处理，使电力调度机器人具有语音交互能力，最终形成电力智能搜索和问答解决方案。

语音交互是现阶段研究的重点，最开始的语音识别是单向的，目前已经实现了人机双向语音对话。体感交互将成为未来人机交互新的发展方向。体感交互可以直接通过人的姿势识别实现人与机器人的互动，主要通过摄像系统模拟建立三维世界，同时感应出人与设备间的距离与物体的大小。

除此之外，其他先进技术也可以用于辅助机器人提供更好的交互体验。比如在输变电作业现场，基于图像数据的步态识别、表情分析和基于传感数据的体征监测可以捕捉作业人员情绪变化、身体状态变化并及时做出告警反馈，而自然语言处理技术和 OCR 识别技术可以帮助作业类机器人更好地理解作业任务。其中现场辅助作业机器人、临场感遥操作机器人等将是近年来技术融合应用突破的重点方向。

7.2.3.5 混合增强无人集群技术提升电力机器人的巡检能力

混合增强无人集群技术是基于云端异构分析的变电设备巡检缺陷诊断和无人集群组调度的技术，该技术能够突破现有的机器人、高清视频与人工协同巡检模式，提升变电站（换流站）运维作业的自动化水平和智能化程度，实现不确定和资源受限条件下的高质量的云端传感数据处理、共享，提升机器人的分布式态势感知与认知能力，攻克陆空机器人多维度、差异化协同巡检技术难题，实现变电站（换流站）全覆盖、无死角巡检能力，提高变电设备状态管控能力。

7.2.4 对变电站（换流站）重要设备状态的分析

人工智能技术为解决电力大数据背景下的设备状态分析难题提供了新路径，但现阶段人工智能技术在电力设备状态分析领域中的应用仍存在诸多技术问题。

7.2.4.1 理论支撑不足

人工智能技术的数学支撑理论仍然不足，模型中还无法体现专家经验及电力设备所具有的通用运行机理。所以，人工智能算法应进一步融入专家经验和设备运行的机理、物理规律。

7.2.4.2 快速响应问题

变电站（换流站）设备的运行状态变化频繁，对状态分析模型的快速响应能力和在线实时处理能力有很高的要求。而人工智能技术在处理变电站（换流站）图像、音频等庞大的多源异构数据时会耗费大量的计算时间，很难实现毫秒级的实时在线处理。一方面，可以将传感器与深度学习芯片整合，使得传感器可以具备数据感知、状态分析能力，从而实现电力设备运行状态的就地准确分析；另一方面，可以利用物联网将判断依据下放到边缘计算设备中，从而提高状态分析算法的响应速度。

7.2.4.3 泛化能力不足

目前人工智能技术在变电站（换流站）重要设备状态分析的应用过程中存在多种控制技术与方法，例如线性最优控制、模糊控制方法、神经网络控制法等，这些控制技术和方法仅能对个别部件、个别故障类型做出准确的分析和判断，缺乏一定的泛化能力，没有一种具有普适性与高效性。因此未来的变电应用中需要将各种控制技术和方法进行融合形成混合智能，从而更准确地对重要设备状态进行分析。

1. 技术融合

智能传感器的实时监测将提供海量、多源异构的数据，对于人工智能而言，可以使用价值量更大的全量数据代替样本数据。一方面，需要将人工智能与大数据技术融合，重点研究分布式机器学习、在线学习、增量学习等机器学习策略，提升算法的实时性、可扩展性、可解释性；另一方面，需要将人工智能与边缘计算技术融合。边缘节点数量众多且响应速度快，并且多个边缘节点之间还可以进行智能协作以提供更好的服务，从而降低人工智能应用的功耗、成本，减少响应的时延，实现部分信息就地化处理，减少通信压力和云端负载。

2. 方法融合

人工智能技术与专家系统互补应用于对变电站（换流站）重要设备状态的分析。人工智能技术的优势在于容错性强具备自学习能力，能够分析处理结构性遥测数据、非结构性图像、音视频数据，从而识别温度、外观、烟雾、明火等可视化状态，专家系统能够根据某领域一个或多个专家提供的知识和经验，进行推理和判断，可解释性强，计算量小，非常适合变电站（换流站）的设备状态分析，但是其缺点是受限于知识库，容错性差。将人工智能算法与专家系统进行融合互补，使专家系统更好地应用于变电站（换流站）重要设备状态的分析。

7.2.5　人工智能对变电站（换流站）网络技术发展的影响

人工智能技术离不开信息的传输，而信息的安全快速传递是变电站（换流站）网络的核心任务，因此人工智能在变电站（换流站）的应用对变电站（换流站）网络技术提出了新的需求，也引导着变电站（换流站）网络技术的发展方向。网络技术的发展将以物理传输通道和报文加密技术的发展为主线，物理传输通道硬件设备升级换代，单位流量的成本大幅度降低；报文加密技术将呈现通用协议与私有协议联合使用的特点，网络安全的控制者将由设备供应商侧转移到用户侧。

7.2.5.1　网络架构

网络架构的发展是随着技术和需求的发展而逐步演进的，变电站（换流站）的智能化对数据传输速率和数量的需求日益增大，网络的架构也相应随之改变，变电站（换流站）智能化所需的主要数据类型由节点开关量为主的小带宽需求数据发展为以图像、波形为代表的大带宽需求数据，网络的架构也将由长距离低带宽传输，发展为短距离大带宽本地传输与长距离低带宽传输相结合的模式。

与电网主网架结构呈现微网化的趋势一样，用于变电站（换流站）智能化的网络也将出现大量的微网。变电站（换流站）智能微网在整个智能化体系中起到的作用，与主网架系统中的储能装置一样，可以大大降低通信核心网的建设投入和运行压力。未来的变电站（换流站）一方面是能源的汇集点，同时也是信息的汇集点，变电站（换流站）本身具有较为完善的基础设施，可为高用电可靠性需求的数据中心提供良好的运行环境。与网络架构呈现微网化相配套，强大的中心式管理系统也将出现，用于实时调配各变电站（换流站）的存储和计算资源，一方面保障数据的安全性，另一方面也充分发挥信息基础硬件的使用效果。

7.2.5.2　物理传输通道

5G 通信技术是具有代表性的新一代无线通信技术，具有大带宽、大连接、低时延、高安全性的特点，综合性能可替代现有变电站（换流站）内的有线网络设备。目前，5G 通信技术主要存在的问题包括：一是商业模式尚不明确，电力企业期望的低使用成本与通信运营商期望的稳定流量收益之间存在矛盾，需要研究出双方都可接受的费用计算模式；二是生态链尚不成熟，5G 专用的芯片级产品及配套的操作系统还未呈现大爆发的态势，5G 技术的开发成本仍高于传统的 4G、WiFi 等技术；三是 5G 技术自身还存在问题，5G 信号的穿透性远低于传统的 4G 信号，基站的布设密度需要远高于 4G，在电力系统最需要无线信号覆盖的偏远地区，难以使用。

WAPI 也是未来变电站（换流站）内适用的一种无线通信技术，因为 WAPI 实际由两部分组成：WAI 和 WPI，分别实现对用户身份的鉴别和对传输的业务数据加密。WiFi 是默认接入点是安全的，只单向验证用户，而 WAPI 一开始就不相信接入点是安全的，它必须实现用户和接入点的双向身份鉴别，确保合法用户访问合法网络，安全级别更高。随着中国对于电力系统网络安全要求的升级，WiFi 的安全性已无法满足变电站（换流站）内信号传输的要求，这为 WAPI 的重生提供了很好的政策条件。目前，WAPI 主要存在的问题在于生态链不成熟，专为 WAPI 设计的设备性价比仍低于 WiFi 的水平。

光纤通信技术是目前已广泛应用的变电站（换流站）有线通信技术，但目前的光纤通信多是将其作为双绞线的替代，仅用于传输数字信号，随着技术的发展，已出现具备温度、振动测量功能的纯光纤传感器，甚至有可实现能量传输的供能光纤。光纤物理通道与纯光纤传感器相结合，可构建全光纤化的无源网络体系，在可靠性与寿命方面，有望实现与电力一次主设备相近的水平。随着通信技术的发展，光纤通信器件的技术水平发展迅速，价格不断降低，在中长距离信号传输领域，光纤已具备绝对优势，未来光纤通信的优势领域将进一步扩大，可能完全覆盖所有距离范围的通信。

电力线载波技术是未来具有发展前景的变电站（换流站）有线通信技术，兼具经济型与安全性。目前，变电站（换流站）内的轨道式机器人已广泛应用载波技术作为通信手段，实现数据的传输。对于电力线载波通信而言，最大的困难是负荷的不稳定与网络中的谐波干扰，在变电站（换流站）内，这些问题反而并不突出，变电站（换流站）内的站用交直流系统都有着完善的设计规则，负荷特性极为稳定，此外，对于较大的谐波干扰信号，也很容易通过安装滤波隔离装置予以抑制。目前，国内尚有数万个变电站（换流站）未实现智能化，采用电力线载波技术解决站内 80～100m 的通信需求，可以有效控制整体改造的投资。

7.2.6　变电站（换流站）多维度智慧感知平台

在万物互联和人工智能的推动下，变电站（换流站）将逐渐具备智能运维和主动预警的功能。基于智能传感器、边缘分析终端、5G 通信和云计算等新兴科学技术，可以将变电站（换流站）设备状态智能管控、现场作业实时管控、设备主动预警、运行环境监测、辅助设备可视化协同、消防报警和门禁安全智能管控等多种功能融合在一起,形成一个多维度智慧感知平台,如图 7-2 所示。

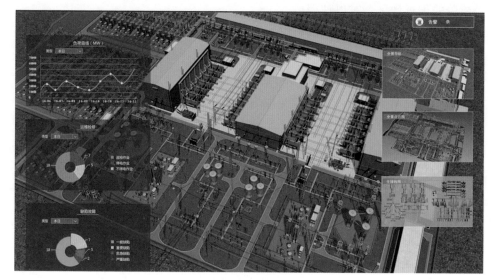

图 7-2 主场景

在智慧感知平台上,有效数据信息在人与设备之间的传递及执行形成信息流,运维、检修及各类管理人员都可以从这个系统中获取自身所需的数据信息。

变电站（换流站）多维度智慧感知平台利用电力物联网技术的深度感知和自动识别能力,结合变电站（换流站）数据监控系统,自动分析变电站（换流站）的设备状态、缺陷异常、人员行为、环境信息等内容,实现变电站（换流站）设备状态全景化、数据分析智能化、设备管理精益化的目标。

7.2.6.1 关键技术

1. 边缘分析终端

在变电站（换流站）部署边缘分析终端,能够就地处理实时性要求高且现场复杂度低的场景数据,然后将分析结果上传至云边协同平台,无需长时间占用信道,从而提高识别分析效率。

2. 5G 通信

5G 基站无线传输通道下行速率峰值为 800Mbit/s,通道上行速率峰值为 160Mbit/s。通过部署 5G 基站设备及接入模块,可为云计算提供高带宽、低延时的数据通道,建立云边协同平台与站端设备的数据链路。

3. 云边协同

云边协同平台是解决实时性与准确性的矛盾的有效手段。变电站（换流站）智能监控分析系统可以基于云端算法模型训练及更新的云边协同技术持续学习训练，实现站端和云端的模型开发、训练和模型部署联动配置。

7.2.6.2 平台功能

1. 实现现场作业实时管控

变电站（换流站）现场作业时，通过机器人、电子围栏、智能穿戴、智能传感器实时捕捉现场作业情况，通过边缘分析终端实时分析，对作业人员安全帽和工作服穿戴、人员行为以及作业区域进行识别，分析工作人员意外触电倒地、进入带电区域等异常行为，并对现场违章行为进行告警提示，实现变电站（换流站）安全智能管控，如图 7-3 所示。

图 7-3　现场作业实时管控

2. 实现变电站（换流站）运行环境异常预警

通过云边协同分析来识别现场烟火、渗水、漂浮物、墙面破损以及门窗等环境信息，及时暴露出变电站（换流站）辅助设施的隐患。

3. 实现门禁安全智能管控

依靠声纹及人脸识别技术确认作业人员身份，同时依托工作票设置安全权限的有效时段，联动门禁管理，实现人员、车辆出入的智能管控。

4. 实现主辅助设备可视化监控

通过集成设备状态监测、视频监控、环境监测、消防、安全防范等子系统，当站内发生设备故障、火灾等情况，站内主辅助设备智能联动，同时调用点位摄像机对异常情况进行全程跟踪。

5. 实现设备故障主动预警智能决策

通过"数据+AI"技术，将变电设备状态信息进行云边协同分析，利用神经网络深度学习对设备状态进行建模，实现对设备运行状态的分析，判断状态量是否异常，缺陷是否发展，从而及时向运行人员推送预警和运维决策信息。

7.2.7 人工智能技术在变电站（换流站）电力物联网的应用趋势

人工智能在海量数据处理、信息挖掘和模式识别等方面表现突出，因而，该技术非常适用于电力物联网海量多源异构信息的处理需求。变电站（换流站）电力物联网架自下而上为感知层、网络层、平台层和应用层。

在感知层，融合数据智能分析技术的人工智能芯片将是实现边缘计算的高价值载体。例如将深度卷积神经网络功能集成于人工智能芯片并搭载于边缘计算代理平台，就可以在感知层直接实现局部放电的识别，这将有助于提升变电站（换流站）边缘设备的智能化和自治化水平。

作为顶层的应用层接收平台层传送的海量信息，利用大数据分析和人工智能技术深入挖掘信息蕴含的价值，并基于多源异构信息融合技术进行全面分析决策，进而通过网络层发送决策信息以控制感知层设备终端。

变电站（换流站）人工智能技术在电力物联网的应用趋势集中体现在大数据、大平台、大运维三个方面。

7.2.7.1 大数据

借助于大数据，变电站（换流站）中的智能装备能够主动感知外部环境的变化，自行测量自身状态指标，智能化开展操作。依托大数据可以实现变电站（换流站）的智慧运行，集中体现在四个方面：

（1）状态信息实时汇集到生产监控中心的云端。

（2）现场情况的三维影像及数据实时、动态展示。

（3）人工智能分析模型得出评价结论。

（4）实时显示整改进展，远程实时指挥。

7.2.7.2 大平台

变电站（换流站）人工智能技术依托电力物联网形成统一的管控平台。该平台允许 PAD、手机、PC 端等多终端接入，通过 3D 视图能够直观展现全景，可以实现统一调度管理，支持巡检策略自定义。该平台具备以下功能：

（1）巡检结果记录，异常及时通知。

（2）设备状态关联性分析。

（3）定制化巡检方案和次数。

（4）随时随地掌握站所状态。

（5）简洁、直观了解站所实时信息。

7.2.7.3　大运维

物联网的大量数据通过 5G 技术上传至云平台，在云平台上对非结构化数据、实时数据、结构化数据进行数据融合，通过大数据技术实现趋势分析、势态感知、智能诊断及智能预警，最终实现大运维，其中包括电力资产实时全面监测、智能化资产运维、提高偶发事件预测水平及针对性的运维投资方案。

未来的智能变电站（换流站）是一座信息实时展示、任务智能规划、工作一键下达、态势智能感知、决策智能辅助、检修自主操作的无人化智能运维终端，通过应用物联网、人工智能、大数据分析、云计算等新技术，大幅提升巡视效率，降低设备及人员的成本与风险，保障电网安全稳定运行，如图 7-4 所示。

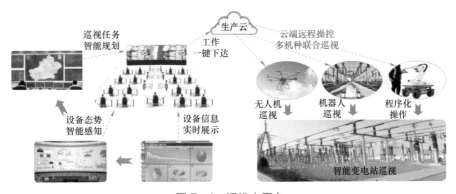

图 7-4　运维大平台

7.2.8　联邦学习对变电站（换流站）人工智能技术的保障

7.2.8.1　联邦学习的概念与用途

联邦学习是一种训练数据去中心化的人工智能框架。其目的在于通过对保存在大量终端的分布式数据开展训练，学习一个高质量中心化的机器学习模型，解决数据孤岛的问题。其重点解决以下问题。

1. 数据较敏感性问题

联邦学习参与各方收集的本地数据较敏感，由于各种原因不能对外直接提供数据。

2. 网络不稳定问题

联邦学习参与各方不能确保网络一直在线，网络可能存在不稳定情况。

3. 参与方数量多问题

联邦学习参与方较多，比如移动终端、物联网设备等。

7.2.8.2　联邦学习的类型

一般将联邦学习分为三类，分别为横向联邦学习、纵向联邦学习以及联邦迁移学习。横向联邦学习类似于分布式的机器学习，参与者具有很多相同数据特征的样本，但是区别在于联邦学习不是把这些数据直接进行明文下的计算，而是进行密文下的计算。纵向联邦学习中的参与者具有相同数据特征的一个样本空间，通过这种学习方式使得参与者可以获得更多的特征，更有可能建立一个效果较好的模型。联邦迁移学习可以使没有在样本空间或者特征空间上形成交集的参与者获得交集。

7.2.8.3　变电站（换流站）人工智能技术面临的困扰

变电站（换流站）安全性直接影响到了整个电网系统的安全，其数据信息的安全必须加以保障，最好的做法就是在数据的源头进行加密。人工智能所需的数据来自不同的设备数据源，虽然数据加密解决了安全问题，但是为人工智能的建模带来了困扰，很难对加密数据进行建模。如果进行解密后再加密，相关人员还会知道里面的数据，对数据的安全性依然存在威胁。

如果将传统的集中式模型训练方式应用于变电站（换流站）的人工智能，难以满足其对实时性的要求。绝大部分情况下电力控制和巡检等业务场景的人工智能应用需要模型能够实时更新，然而现场的实际情况又存在网络环境不稳定的因素，这就使得集中式模型训练更新到边缘节点的方式难以保证实时性要求。

7.2.8.4　联邦学习提供的解决方案

如 7.5 节所述，变电站（换流站）人工技术与电力物联网深度融合。在电力物联网架构中，感知层各边缘接点用于采集原始业务数据，通过通信、计算等资源共享，在源端实现数据融通和边缘智能。平台层之间的通信方式多种多样，受限于环境因素不能确保网络一直在线。电力数据安全性要求高，电力物联网架构下的感知层具备较强的通信和计算能力，能够满足联邦学习算力和数据分布式需求。

联邦学习允许各参与方在其本地私有的保存自己的数据，同时协作并安全地建立联邦学习模型。通过联邦学习，数据不需要离开参与方，因此可以更好地保护用户隐私和数据安全。联邦学习可以达到两个效果，第一，数据是隔离的，原始的样本数据不会泄露到外部；第二，效果是无损的，也就是说联邦学习跟你把所有的数据明文堆在一起，进行机器学习的效果几乎是一样的。联邦学习使用同态计算（或称为同态加密）可以直接对密文进行计算处理，并且得到的结果仍然是密文，这就规避了解密过程，保证了变电站（换流站）数据的安全性。可见，在变电站（换流站）人工智能技术中应用联邦学习，不仅实现了变电站（换流站）的智能化，而且保证了变电站（换流站）的数据安全性。

7.2.9　知识图谱在变电站（换流站）的应用

知识图谱在图书情报界称为知识域可视化或知识领域映射地图，是显示知识发展进程与结构关系的一系列各种不同的图形，用可视化技术描述知识资源及其载体，挖掘、分析、构建、绘制和显示知识及它们之间的相互联系。

电力设备知识图谱的结构设计旨在定义面向电网设备的知识图谱。电力设备知识图谱的图结构定义了电网领域内的电力设备数据模型，包含领域内有实际操作意义的概念的类型与属性。具体而言，构建以电力设备为图中心节点，电力设备的相关属性为图的普通节点，电力设备与设备属性之间的关系为边的一个图结构。在进行知识图谱图结构设计时需要针对电力设备运行、维护等实际工作场景以及光照、风力和突发灾害等环境因素，综合考虑各种来源数据，抽象出电网领域内的概念层次。知识图谱结构设计有人工设计和自动实现两种方式。人工设计图结构时需要从确保电力设备正常运行与维护的角度出发，从电力设备管理角度出发，结合电力设备质量评价需求，设计自顶向下的电网领域知识图谱模型，实现多源异构数据在图数据库中的高效存储。进行自动知识图谱结构设计需要从电力设备的说明文档或工作数据中提取出事实信息，根据事实信息自动推理出事实概念和系统运行模式，结合符号语义和分布语义来从文本中检测事件，并采用联合类型框架来同时提取事件类型和参数角色，进而自动推理出概念与事件模式。

随着变电站（换流站）智能化和信息化的不断推进，站内的数据信息量正不断增加，数据的种类和格式多种多样，通常以文本、视频等非结构化方式进行存储，只有少量的数据是按结构化处理，变电站（换流站）数据资源主要由上述分散、多维、结构复杂的数据构成。

因此将知识图谱应用在变电站（换流站），可以对分散的电力数据进行集中处理和分析，从而保证变电站（换流站）数据的通用性和规范性，为智能变电站（换流站）建设的数据信息提供真实性和一致性保障。

变电站（换流站）知识图谱由基础平台知识图谱及业务逻辑知识图谱构成。

1. 基础平台图谱

基础平台主要由平台管理、各种数据库和总线等构成，为相关功能的开发、使用和维护提供技术支持。通过对其知识图谱进行构建，平台内各功能单元间的关系更加直观，方便后续使用。

2. 业务逻辑知识图谱

业务逻辑知识图谱的构建，一方面可以通过可视化技术将复杂业务的调用关系对外展示，另一方面还可以辅助排故，从而加深作业人员对系统的认识和了解，使其快速熟悉各个业务流程。

在业务层面上看，多为融合知识图谱与人工智能模型的变电站巡检智能应用工具开发系统框架如图 7-5 所示。主要分为四个部分，第一部分，建立变电站业务场景的多模态数据库，规范化标准化管理业务场景数据，并与变电站智能化模型形成数据交互；第二部分，建立变电站电力知识图谱库，并与变电站智能化模型形成自动关联，智能调取变电站业务场景关联数据；第三部分，建立变电站智能化模型，涵盖变电站多类业务场景，并形成智能化组合模型应用，支持电力模型热更新部署应用，实现变电站全场景业务智能化应用；第四部分，基于前述研究内容，研发变电站智能应用工具可视化系统，实现对智能化模型联动关系及结构化巡检业务逻辑的可视化展现，建立巡检机器人集控平台，设计标准功能结构，实现变电站智能化模型的快速部署，并与变电站电力知识图谱库形成云端联动，提升变电站巡检机器人的智能化和可视化水平。

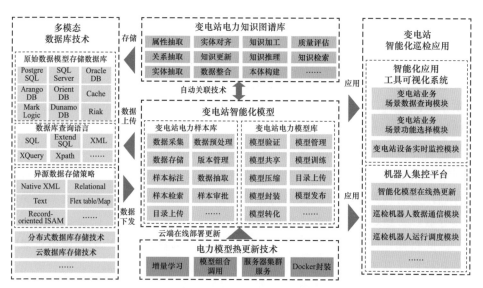

图 7-5 融合知识图谱与人工智能模型的变电站巡检智能应用工具开发系统技术路线图

基于变电站智能化巡检业务需求，针对性分析变电站不同业务场景下的智能化应用，实现多类智能模型的自动组合应用，并与智能巡检机器人形成云联动机制，规范化模型数据的输入输出接口，实现多类变电站业务场景下的智能模型多模态数据的智能分析。

　　智能化组合模型应用流程如图 7-6 所示，基于变电站智能化应用业务场景，发布智能化模型建设需求，建立变电站业务场景智能化模型，形成针对业务场景的智能化组合模型，规范化标准化模型数据输入输出接口，将模型发布至云端服务集群，以 Docker 封装形式传输至智能巡检机器人进行模型在线远程热更新，实现变电站业务场景的智能化应用。

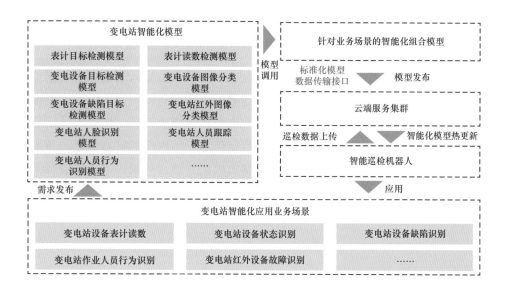

图 7-6　智能化组合模型应用流程图

　　基于变电站智能化业务场景应用的各类模型，建立变电站业务场景专有知识图谱系统，如图 7-7 所示，深入挖掘变电站业务场景结构化数据与非结构化数据的属性关系，采用知识推理、数据整合和知识加工等技术手段实现变电站电力知识与智能化模型的快速关联，针对变电站智能化应用业务场景建立的智能化模型，输出业务场景所需的组合模型信息，并传输至变电站电力知识图谱库，调用与业务场景关联的规则信息，并借由模型调用模块用于业务场景下的智能分析，最后输出针对变电站智能化应用业务场景的智能分析结果。

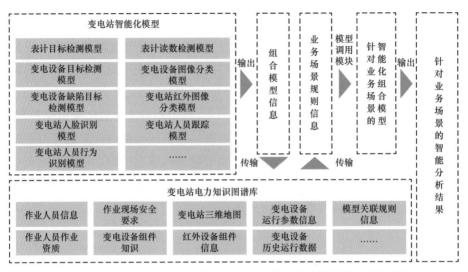

图 7-7　智能化模型与变电站电力知识图谱自动关联技术应用流程图

以人员带电作业的业务场景为例，如图 7-8 所示，输入巡检图像数据或巡检视频流数据，判定为人员带电作业的业务场景后，向电力知识图谱库查询业务场景关联的知识图谱信息，如带电作业人员作业资质信息、作业人员信息、带电作业现场安全规则、站内设备预警数据信息、站内设备状态信息、智能化模型组合信息等，再根据模型组合信息调用模型并结合知识图谱信息进行人员带电作业下的智能分析，输出人员带电作业业务场景下的变电设备运行状态数据、人员安全作业预警信息、人员坐标信息等，实现业务场景和智能化组合模型的智能分析。

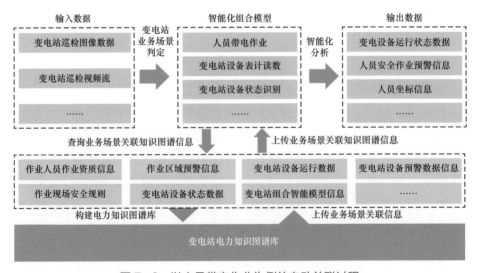

图 7-8　以人员带电作业为例的自动关联过程

变电站服务器集群根据电力数据库提供给的数据和知识图谱数据进行增量学习训练，将训练好的模型发送到机器人集控平台，机器人巡检到特定位置，集控平台通过 KubeEdge 组件将组合调用模型下发部署至机器人端，实现机器人的不间断服务。

　　热更新模块框架如图 7-9 所示，主要实现装置接入和运行统一管理，通过为不同边缘设备及不同硬件架构提供统一管理平台，实现边缘智能分析平台调度框架对不同算法模型的适配。框架提供预警发布服务、消息队列服务、数据管理服务等。服务器群基于增量学习优化算法后，通过模型适配模块将模型进行转换，将适配模型自动化打包到镜像中，生成最终的算法镜像，用于边端机器人的热更新。

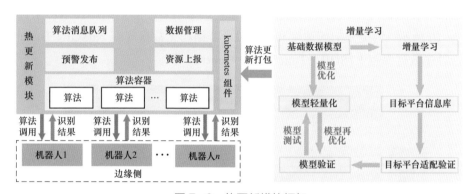

图 7-9　热更新模块框架

　　为提升变电站智能化应用业务水平，建立变电站智能应用工具的可视化系统，可视化展示变电站智能巡检业务中多类模型的识别结果、联动关系以及结构化业务逻辑，实现变电站智能巡检数据获取、变电站业务场景模型开发、变电站知识图谱构建、变电站智能模型业务场景应用全流程可视化呈现。

　　可视化系统可支持功能包括变电站业务场景功能选择、变电站业务场景数据查询、变电站设备运行状态查询、变电站设备运行历史信息查询、智能化组合模型关联信息、变电站电力知识图谱库、智能化模型热更新功能、多模态数据库等功能。

　　变电站业务场景功能选择：变电站设备缺陷识别、变电站人员行为识别、变电站红外设备故障识别等。变电站业务场景数据查询：变电站巡检图像数据、变电站巡检视频流数据、变电站巡检音频数据等。变电站设备运行状态查询：变电站关键设备运行时间查询、变电站设备运行参数查询、变电站设备运行状态查询等。变电站设备运行历史信息查询：变电站设备维修记录、变电站设备更换记录、变电站设备传感器记录数据等。智能化组合模型关联信息：智能化模型与业务场景关联规则、智能化模型间关联规则、业务场景间关联规则等。变电站电力知识图谱库：变电站设备常见缺陷库、变电站设备组件信息、变电站作业人员资质信息、变电站作业安全规范等。智能化模型热更新功能：智能化模型本地上传、智能化模型远程部署、智能化模型运行自检、巡检数据上传等。

各类智能巡检数据的高效采集、传输、存储、读取，包括时序信号数据以及非结构化数据，为智能巡检应用提供基础数据服务，提升应用的响应速度和稳定性。巡检数据类型、格式多种多样，非结构化数据包括文本、设备图片、缺陷影像、音频和巡检监控视频等，时序信号数据包括巡检机器人位置数据，传感器监测数据等。课题针对不同的数据类型采用多模态数据库技术，架构如图 7-10 所示，为提升响应速度和鲁棒性。非结构化数据库有 NoSQL、Bigtable 等，时序数据库有 PTSDB、TimeScale、Confluo 等。

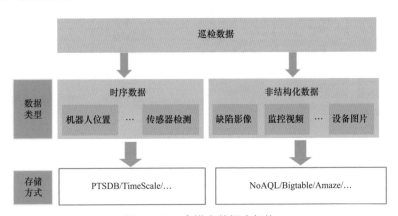

图 7-10　多模态数据库架构

最后，知识图谱对变电站（换流站）运行数据进行提取分析，利用人工智能技术对大数据进行合理使用，保证了变电站（换流站）安全稳定运行，促进了变电站（换流站）的科学化管理和信息化建设，推动了智能变电站（换流站）的建设，实现了智能变电站（换流站）与用户间的友好互动。

参 考 文 献

［1］中国人工智能学会－罗兰贝格．中国人工智能创新应用白皮书［R］．2017.

［2］国网电网公司．《电力人工智能白皮书》［R］．2020.

［3］杨挺，赵黎媛，王成山．人工智能在电力系统及综合能源系统中的应用综述．电力系统自动化．

［4］戴彦，王刘旺，李媛，等．新一代人工智能在智能电网中的应用研究综述［J］．电力建设，2018，39（10）：1－11.

［5］Rahman，S．Artificial intelligence in electric power systems：a survey of the Japanese industry［J］．Power Systems IEEE Transactions on，1993.

［6］Sozontov A，Ivanova M，Gibadullin A．Implementation of artificial intelligence in the electric power industry［C］//E3S Web of Conferences．EDP Sciences，2019，114：01009.

［7］高昆仑，柴博等．面向行业应用的人工智能［M］．北京：中国电力出版社，2019.

［8］中国电机工程学会人工智能专业委员会．电力人工智能专业发展报告［R］．2019.

［9］顾险峰．人工智能的历史回顾和发展现状［J］．自然杂志，2016，38（3）：157－166.

［10］中国电子技术标准化研究院．人工智能标准化白皮书［R］．2018.

［11］赵卫东，董亮．机器学习［M］．北京：人民邮电出版社，2018.

［12］清华大学－中国工程院知识智能联合研究中心．人工智能发展报告［R］．2019.

［13］Samin Rastgoufard．Applications of Artificial Intelligence in Power Systems［D］．2018.

［14］王继业．电力人工智能研究与应用［R］．2018.

［15］牛程程，李少波，胡建军，等．机器学习在材料信息学中的应用综述［J］．材料导报，2020，34（23）：23100－23108.

［16］张国斌，张叔禹，刘永江，等．基于大数据与人工智能技术的电力在线技术监督平台建设方案［J］．热力发电，2019，48（9）：94－100.

［17］刘建民．基于人工智能的变电站缺陷管理系统［D］．2006.

［18］吴斌，张桂芹，乔东伟，等．基于人工智能理论的变电站一体化监控系统集成联调验收研究［J］．微型电脑应用，2020，36（2）：10－12.

［19］汤亚宸，方定江，韩海韵，等．基于图数据库和知识图谱的电力设备质量综合管理系统研究［J］．供用电，2019，36（11）：35－40.

[20] 施正钗,郑俊翔,周泰斌,等.基于语义分析的设备监控告警信息知识图谱构建研究[J].浙江电力,2020,39(8):83-87.

[21] 刘梓权,王慧芳.基于知识图谱技术的电力设备缺陷记录检索方法[J].电力系统自动化,2018,42(14):158-164.

[22] 黄明祥.基于知识图谱技术的电力设备缺陷记录检索方法探析[J].电力管理,2020,12:161-162.

[23] 郑高峰,秦丹丹,刘丽,等.基于知识图谱技术的数据资产管理设计与应用验证研究[J].中国科技投资,2020,7:61-63.

[24] 刘鑫.面向故障分析的知识图谱构建技术研究[D].2019.

[25] 王继业,蒲天骄,仝杰,等.能源互联网智能感知技术框架与应用布局[J].电力信息与通信技术,2020,18(4):1-14.

[26] 中国信息通信研究院 中国人工智能产业发展联盟.人工智能发展白皮书技术架构篇[R].2018.

[27] 蒲天骄,乔骥,韩笑,等.人工智能技术在电力设备运维检修中的研究及应用[J].高电压技术,2020,46(2):369-383.

[28] 闫龙川,白东霞,刘万涛,等.人工智能技术在云计算数据中心能量管理中的应用与展望[J].中国电机工程学报,2019,39(1):31-42+318.

[29] 李博,高志远.人工智能技术在智能电网中的应用分析和展望[J].中国电力,2017,50(12):136-140.

[30] 王刘旺,周自强,林龙,等.人工智能在变电站运维管理中的应用综述[J].高电压技术,2020,46(1):1-13.

[31] 朱永利,尹金良.人工智能在电力系统中的应用研究与实践综述[J].发电技术,2018,39(2):106-111.

[32] 丁涛.人工智能在发电生产中的应用[R].2018.

[33] 赵倩.数控设备故障知识图谱的构建与应用[J].航空制造技术,2020,63(3):96-102.

[34] 白浩,周长城,袁智勇,等.基于数字孪生的数字电网展望和思考[J].南方电网技术,2020,14(8):18-24+40.

[35] 梅傲松.探索人工智能AI在变电运维中的应用[J].名城绘,2019,8:0484.

[36] 吴曦,徐强,胡淼龙.物联网技术在变电站现场运维管理中的应用研究[J].沈阳工程学院学报(自然科学版),2013,9(4):326-329.

[37] 朱凯进.虚拟现实技术在变电站设计中的应用研究[D].2011.

[38] 李涓子.知识工程与领域知识图谱构建[R].2018.

[39] 田莉霞.知识图谱研究综述[J].软件,2020,41(4):67-71.

［40］马兴明．我国智能电网与信息化［J］．中国信息化，2018（2）：91－93．

［41］杨荣霞．人工智能技术在电力基建领域的研究与实践［J］．价值工程，2019，38（19）：235－237．

［42］叶锋．基于人工智能方法的变电站选址定容规划研究［J］．科技资讯，2011（32）：112－113．

［43］谢丰，卞建玲，王楠，郑倩．联邦学习在泛在电力物联网人工智能领域的应用［J］．中国高新科技，2019（23）：18－21．

［44］刘故帅，王世坤，孙磊，刘达，尹蒙蒙．基于电力物联网的变电站多维度场景管控系统［J］．供用电，2021，38（3）：45－51．

［45］何四平，施蔚青．人工智能 AI 技术在电力系统的应用［J］．电子技术与软件工程，2020（12）：224－225．

［46］和敬涵，罗国敏，程梦晓，刘艳梅，谭颖婕，李猛．新一代人工智能在电力系统故障分析及定位中的研究综述［J］．中国电机工程学报，2020，40（17）：5506－5516．

［47］张立静，盛戈皞，江秀臣．泛在电力物联网在变电站的应用分析与研究展望［J］．高压电器，2020，56（9）：1－10．

［48］唐文虎，牛哲文，赵柏宁，季天瑶，李梦诗，吴青华．数据驱动的人工智能技术在电力设备状态分析中的研究与应用［J］．高电压技术，2020，46（9）：2985－2999．

［49］王琼，杨波．知识图谱在电力行业的应用与研究［J］．网络安全技术与应用，2020（11）：137－138．